国家自然科学基金项目成果
山西省应用基础研究计划项目成果

管涔山地衣物种多样性及共生藻研究

Study on Lichen Diversity and Photobionts in Guancen Mountains

李 博 著

U0912271

海洋出版社

2018 年 · 北京

图书在版编目(CIP)数据

管涔山地衣物种多样性及共生藻研究 / 李博著. —北京：海洋出版社，2018.5

ISBN 978-7-5210-0057-3

Ⅰ. ①管… Ⅱ. ①李… Ⅲ. ①山地-地衣共生藻-研究-中国 Ⅳ. ①Q949.2

中国版本图书馆 CIP 数据核字(2018)第 046618 号

责任编辑：司贺园　薛菲菲
责任印制：赵麟苏

海洋出版社 出版发行

http://www.oceanpress.com.cn
北京市海淀区大慧寺路 8 号　邮编：100081
北京文昌阁彩色印刷有限公司印刷
2018 年 5 月第 1 版　2018 年 5 月北京第 1 次印刷
开本：787 mm×1092 mm　1/16　印张：9
字数：134 千字　定价：48.00 元
发行部：62132549　邮购部：68038093
总编室：62114335　编辑室：62100038
海洋版图书印、装错误可随时退换

前　言

地衣是一类由真菌与藻类形成的共生联合体，其中子囊菌占绝大多数（约98%），地衣以孢子的形式繁殖后代，是地球上最古老的一类低等生物。地衣一般被称为共生菌，与其共生的藻类一般被称为共生藻。地衣拥有特殊结构，是一种稳定形态的复合有机体。至今，地衣是地球上已发现的两种及以上不同物种之间最完美的共生形式，与各自自由生活的相应种类相比，其在形态和生理等方面均存在很大差异，出现了粉芽、衣瘿、小裂片、裂芽等一些在真菌和藻类各自自由生活中均未出现过的结构。本书对管涔山地区的地衣多样性及其共生藻进行了系统性研究，包括形态学特征和分子系统发育等方面。

通过对采自管涔山地区的200余份地衣标本进行鉴定，共鉴定出41种地衣，其中7种为管涔山地区首次报道；1科，4属，6种为山西省新记录，分别为黑腹网裂梅（*Rimelia reticulata*）、胡氏褐梅（*Melanelia huei*）、卷叶点黄梅（*Flavopunctelia soredica*）、灰绿茶渍（*Lecanora caesiocinerea*）、壳假网衣（*Porpidia crustulata*）、白点蜈蚣衣（*Physcia aipolia*）。优势科为梅衣科（Parmeliaceae）、蜈蚣衣科（Physciaceae）、茶渍科（Lecanoraceae）、石蕊科（Cladoniaceae）和网衣科（Lecanoraceae）。

壳假网衣的形态解剖特征、化学物质、分子系统发育等方面的研究结果表明，壳假网衣为地衣体，壳状，上表面为黄白色，灰色，白色，偶橙色；子囊盘为黑色或暗褐色，直径0.3～1.5 mm；皮层K－、C－；髓层P－；含斑点酸和降斑点酸。通过重建假网衣属的系统发育树，表明假网衣属不是一个单系群。

在无菌条件下，分离纯化培养了壳假网衣共生藻，并根据采集地将其命名为*Chlorella* sp. GC。基于*rbc*L和ITS基因序列的系统发育树结果显示，

Chlorella sp. GC 与 *C. sorokiniana* 有较近的亲缘关系。*Chlorella* sp. GC 在形态特征上相较于自由生活的 *C. sorokiniana* 有明显的差异，其有一个大的蛋白核。综合形态学特征和分子系统研究，*Chlorella* sp. GC 属于小球藻属（*Chlorella*），但不同于 *C. sorokiniana*。

通过连续 6 年（2007—2012 年）观测壳假网衣的生长与其共生藻的关系，结果发现，壳假网衣的生长保持了一个温和的年均生长率，直径年均增长 0.4 ~ 0.62 mm，而其共生藻藻层厚度却逐渐变薄。壳假网衣在干燥的气候环境中长时间地暴露在阳光下，可能改变了共生藻细胞的形态和生理，促使壳假网衣可能进入生理休眠状态。

壳假网衣共生藻在 5℃下培养 12 d 后，类胡萝卜素含量从最初的高于小球藻逐渐降低到低于小球藻。起始培养时共生藻超氧化物歧化酶活力和可溶性糖含量远远高于小球藻。壳假网衣共生藻在 5℃和 10℃低温条件下培养 3 d 后，丙二醛含量均少于小球藻，培养 12 d 后，可溶性蛋白质增加的量远远低于小球藻。共生藻在长期的共生关系中建立了对抗低温的适应机制，相对于小球藻表现出了更好的抗逆性。

本研究以管涔山地区壳假网衣为切入点，对壳假网衣的形态解剖特征、化学物质、分子系统学进行了深入的研究，也对共生藻的形态特征和分子系统学进行了深入研究。同时，还对壳假网衣的生长与其共生藻的关系，以及共生藻的抗逆性进行了研究。通过对地衣共生藻提出研究的迫切性，以期推动我国地衣生物学和藻类生物学的发展。

本书是国家自然科学基金青年项目（31500172）和山西省青年科学基金项目（2015021140）支持的项目成果，书中所记录的地衣标本保存于山西大学生命科学学院植物标本室和太原师范学院地理科学学院植物标本室。标本采集得到了山西大学生命科学学院谢树莲教授、冯佳教授、王捷博士、陈乐博士以及管涔山国有林管理局王石会高级工程师等的帮助，在此对所有给予帮助的老师、同学表示衷心的感谢！

由于水平和时间所限，书中难免有疏漏之处，祁望读者不吝赐教。

李　博

2017 年 7 月

目　录

第一章　绪论 …… 1

1.1　地衣概述 …… 1

1.2　地衣研究现状 …… 2

1.3　地衣共生藻研究现状 …… 8

1.4　地衣生长发育研究进展 …… 11

1.5　地衣共生藻抗逆性研究进展 …… 12

1.6　研究目的及意义 …… 14

第二章　地衣多样性研究区域及方法 …… 15

2.1　研究区域及自然概况 …… 15

2.2　地衣多样性研究方法 …… 17

2.3　共生藻多样性研究方法 …… 21

2.4　常用分子系统树构建方法 …… 22

2.5　地理成分与分析 …… 23

第三章　管涔山地区地衣多样性 …… 24

3.1　管涔山地区地衣种类名录 …… 24

3.2　管涔山地区地衣分种检索 …… 27

3.3　管涔山地区地衣组成特点分析 …… 60

3.4　管涔山地区地衣应用潜力 …… 61

3.5　管涔山地区地衣保护对策 …… 61

第四章 管涔山地区地衣区系研究 …… 62
4.1 管涔山地区地衣群落类型 …… 62
4.2 管涔山地区地衣地理成分分析 …… 64

第五章 壳假网衣共生菌系统发育研究 …… 67
5.1 材料与方法 …… 68
5.2 结果与分析 …… 73
5.3 小结 …… 80

第六章 壳假网衣共生藻系统发育研究 …… 81
6.1 材料与方法 …… 82
6.2 结果与分析 …… 88
6.3 小结 …… 100

第七章 壳假网衣共生菌藻生长关系研究 …… 102
7.1 材料与方法 …… 103
7.2 结果与分析 …… 105
7.3 小结 …… 108

第八章 壳假网衣共生藻抗逆性研究 …… 110
8.1 材料与方法 …… 111
8.2 结果与分析 …… 114
8.3 小结 …… 121

参考文献 …… 123

第一章
绪　论

1.1　地衣概述

地衣是一类由真菌与藻类形成的共生联合体，其中子囊菌占绝大多数（约98%），地衣以孢子的形式繁殖后代，是地球上最古老的一类低等生物。在Kirk等[1]的分类系统中，真菌界被分为四个门。地衣一般被称为共生菌，其中的蓝细菌和藻类一般被称为共生藻。地衣拥有特殊结构[2]，是一种稳定形态的复合有机体。到目前为止，地衣是地球上已发现的两种及两种以上不同物种之间最完美的共生形式，与各自自由生活的相应种类相比，在形态和生理等方面均存在很大差异，出现了粉芽、衣瘿、小裂片、裂芽等一些在真菌和藻类各自自由生活中未出现过的结构[3]。

目前全世界已报道的地衣约有13 500种[1,4]，其中地衣型子囊菌约为13 250种，余下的约250种地衣大多属于担子菌或子实体不明。目前我国已报道的地衣有200余属，1 800种，占到了世界已报道总数的13.1%。据估计，我国的地衣总数在30 000种左右，已报道的种数仅占6%左右，以年均报道的新记录种来算，大约需要近千年才能将我国的地衣调查清楚[5]，因此加强我国地衣的研究工作迫在眉睫。

地衣按生长型分为三大类：叶状地衣、枝状地衣和壳状地衣。介于三种生长型之间的又有丝绒状、鳞叶状、鳞壳状等中间型。

地衣的繁殖方式一般分为有性繁殖和无性繁殖。繁殖器官的类型和孢子的数目、形状、颜色等是地衣的主要分类依据。

地衣具有独特的营养结构与营养性繁殖体。有些营养结构，如假根、茸毛及缘毛等在非地衣中也有存在。然而，像杯点、假杯点、粉芽、裂芽、小裂片及衣瘿则只存在于地衣中，它们是地衣的独特结构。

地衣的传播主要是通过一些媒介携带子囊孢子或具有生殖能力的细微结构扩散出去。

地衣在食品、化工、医药、环境质量监测等方面具有很高的应用价值。目前已知大约一半的地衣具有抗菌作用，例如，松萝酸对革兰氏阳性细菌具有很强的抵御作用。地衣测年可用于推断地震断层年龄，主要是利用了其生长缓慢、寿命长、年均生长量小的特点，准确率较高。地衣对环境中的污染物，尤其是对 SO_2 气体和汞等重金属十分敏感，利用地衣监测环境污染，费用低且不受时间、空间的限制。此外，梅衣属(*Parmelia*)和树花属(*Ramalina*)的部分种类提取物可作为洗漱用品的生产原料[6-7]。

1.2 地衣研究现状

地衣分类学的发展大体分为四个阶段[6]。

(1)宏观形态学阶段(18 世纪中叶到 19 世纪中叶)。

起初，地衣被看做是单一的绿色植物，地衣体以及子囊盘的形态使用放大镜进行观察，并以此作为分类依据。

1753 年，林奈在《植物种志》(Species Plantarum)中首次记录了 80 余种地衣，并将其作为藻目下的一个属[8]。1803 年，瑞典医生 Acharius 首次引入了大量地衣形态的学术用语，对地衣的形态分类学研究做出了巨大贡献，被誉为地衣学之父[9]。

(2)微观形态学阶段(19 世纪中叶到 20 世纪中叶)。

在此期间，化学分析方法和光学显微技术被应用于地衣的分类研究中，地衣学进入了快速发展时期。

1865 年，Nylander 首次将漂白粉(即次氯酸钙，简写为 C)、碘(I)和氢氧化钾(简写为 K)与地衣体皮层、髓层等的显色反应应用于地衣的分类鉴定中。1867 年，瑞士植物学家 Schwendener 真正揭示了地衣是由真菌和藻复合形成的，提出了著名的菌藻二元性假说，人们才真正开始对地衣有了全新的了解[2, 10-12]。1890 年，芬兰生物学家 Vainio 提出了地衣的本质是真菌，并将其归于子囊植物门(Ascophyta)中。此外，英国、日本等国的地衣学家相继独创了氢氧化钾和漂白粉共同反应法(KC)、微量化学重结晶法(MCT)等地衣鉴定方法。随着大量新技术的应用，孢子形态和化学显色反应成为地衣分类的主要方法。1852 年，意大利生物学家 Massalongo 根据孢子形态修订了茶渍属(*Lecanora*)，将 Acharius 所定义的茶渍属范围大大缩小了[13]。

(3)形态—化学—地理相结合的时期(20 世纪中叶到 21 世纪初)。

20 世纪中叶，随着科技的进步和发展，尤其是对薄层层析法(TLC)的应用，地衣的分类学研究进入了高速发展时期。地衣代谢所产生的化学物质对地衣的分类提供了重要依据。扫描电镜(SEM)和透射电镜(TEM)在观察地衣子囊、孢子等解剖结构方面为地衣分类学研究提供了新的手段。在地衣分类学的研究中，地理学逐步成为所需思考的重要因素。

(4)形态—化学—分子—地理相结合的时期(21 世纪初至今)。

近年来，分子生物学手段的应用为地衣分类学研究注入了新的活力。结合形态、化学、分子和地理的综合研究方法，从分析地衣的物种水平和系统发育上解释地衣物种的多样性及其演化规律是目前重要的研究领域。

1.2.1 中国地衣研究概况

根据有关文献[5-14]，我们将中国的地衣研究历史划分为三个时期。

(1)本草时期(公元前 500 年到 18 世纪初)。

中国历史上关于地衣的文献，最早见于《诗经》中对“女萝”(松萝)的记载。据不完全统计，我国的著名古代医书如《名医别录》《药性本草》和《本草纲目》中均有对地衣的记载[15]。

(2)传统地衣学时期(18 世纪初到 20 世纪末)。

在此期间，科学技术迅猛发展，显微技术和化学分析方法是鉴定地衣的重要手段。西方国家对地衣学的研究已经如火如荼地进行，而我国学者对地衣的研究却很少。此间，关于中国地衣的报道，大多是由西方学者来中国采集标本或中国人采集标本转送到国外进行研究[16]。

我国最早有关地衣植物的英文文献是由钟心煊于1929年所发表。最早由中国人作为第一作者发表的地衣学学术研究文献是朱彦丞于1935年发表在国立北平研究院植物学研究所丛刊上的《中国地衣之初步研究》。从1935年到中华人民共和国成立初期，中国的地衣学研究基本处于停滞阶段。1955年，周瑛在一本刊物上介绍了一些地衣的基本知识。1958—1959年，陆定安连续发表了3篇论文，记录了地卷属(*Peltigera*)的5种和4变种，脐衣科(Umbilicariaceae)的2属3种[17]。1963年，吴继农作出了中国肺衣属(*Lobaria*)的第一个检索表。1966年，魏江春发现了中华疱脐衣(*Lasallia sinensis*)，并提出了石耳科地衣的新二属概念。

从1973年《中国地衣志》的编纂工作开始，中国的地衣学研究进入了高速发展阶段。1974年，魏江春等发表了《珠峰地区科学考察报告(地衣)》，首次对西藏地区的地衣进行了报道。1977年，魏江春发表的《奇妙的地衣》为这类生物基础知识的普及做出了贡献[18]。1979年，李天庆首次在国内发表了《地衣对空气氟污染的指示作用》，揭示了地衣在环境中的应用。此后的10年里，大量新的属、种相继被发现并报道[19]。1980年，魏江春出版了《地衣名词及名称》，使中国地衣工作者有了第一本中国人自己的工具书[20]。1982年，赵继鼎等的《中国地衣初编》，介绍了当时中国地衣的种类和分布[21]。同年，魏江春等的《中国药用地衣》，详细地介绍了中国药用地衣的种类及药用价值[22]。1986年，魏江春等出版的《西藏地衣》，对西藏自治区发现的地衣做了一个全面的总结[23]。1987年，吴金陵的《中国地衣植物图鉴》，大大方便了对地衣种类的鉴定[24]。

(3)现代地衣学时期(20世纪末至今)。

近20多年来，中国地衣学的研究已经发展到以表型为基础，形态—地理—化学—分子相结合的方法，涉及的方面更全、更广，对一些科和属分类学进行了更详细的研究。

1991年，魏江春出版的《中国地衣综览》，成为我国地衣学研究工作者的必读文献[14]。1998 年，阿不都拉·阿巴斯和吴继农出版的《新疆地衣》详细介绍了新疆地区的 85 属，268 种地衣[25]。1999 年，陈健斌等系统介绍了中国蜈蚣衣科(Physciaceae)的种类和分布情况[26]。2001 年，郭守玉对中国石蕊属(*Cladonia*)地衣进行了详细的地理学分析[27]。2003 年，刘华杰等报道了中国胶衣属(*Collema*)的 6 个种[28]。2006 年，黄满荣等详细报道了中国珊瑚枝属(*Stereocaulon*)的种类[29]。2007 年，魏鑫丽等对中国袋衣属(*Hypogymnia*)的分类进行了研究[30]。2007 年，周启明建立了石耳目(Umbilicariales)[31]。2008 年，贾泽峰等发现了一种文字衣科(Graphidaceae)地衣，为中国新记录[32]。2012 年，吴继农和刘华杰编纂出版了《中国地衣志——地卷目(Ⅰ)》，丰富了我国地衣的研究[33]。

1.2.2 山西省地衣研究概况

最早对山西地衣标本进行采集的可能是 1942 年来自日本的山西学术调查研究团的佐藤正己，采集到约 300 个地衣标本[16]。1943 年，又有 2 名日本蒙疆远征队队员在山西北部采集了一些地衣标本。1958 年，陆定安报道了 1 种山西省的地衣——红腹脐衣(*Umbilicaria hypococcina*)[17]。1982 年，魏江春等出版的《中国药用地衣》报道了 1 种山西省的地衣——红腹脐衣[22]。1987 年，吴金陵报道了 13 种山西省的地衣，包括旱黄梅衣(*Parmelia camtschadalis*)，淡腹黄梅衣(*P. mexicana*)，黄髓梅衣(*P. homogenes*)，裂树花(*Ramalina minuscula*)，粉粒树花(*R. pollinaria*)，松萝(*Usnea diffracta*)，丽石黄衣(*Xanthoria elegans*)，黄髓黑盘衣(*Pyxine endochrysina*)，白刺毛黑蜈蚣衣(*Physcia hirtuosa*)，毛边蜈蚣衣(*P. setosa*)，黑蜈蚣衣(*P. stellaris*)，麸石蕊(*Cladonia pityrea*)和粉盘裂片茶渍(*Lecanora alphoplaca*)[24]。1986 年，魏江春等出版的《西藏地衣》中提到，卷叶梅衣(*Parmelia soredica*)在山西省有分布[23]。1998 年，阿不都拉·阿巴斯和吴继农出版的《新疆地衣》[25]中提到粉盘平茶渍(*Aspicilia alpaplaca*)、蓝灰蜈蚣衣(*Physcia caesia*)、黑蜈蚣衣、大孢蜈蚣衣(*Physconia distorta*)和伴藓大孢蜈蚣衣(*P. muscigena*)五种地衣在山西省均有分布。1990 年，谢树莲等报道了 31 种山西省地衣[34]。2002 年，刘晓玲等报道了 16 种山西省关帝山的地衣，其中11种为山西省新记录[35]。2007年，李博等报道19种山西省历山自然保护区的地衣，其中7种为山西省新记录[36]。2010年，李博等报道了管涔山林区的34种地衣，其中24种为山西省新记录[37]。

1.2.3 地衣分子系统学研究概况

近些年来，分子生物学技术为地衣的系统分类学深入研究提供了新的动力。利用分子生物学方法对生物体内大分子结构和功能进行研究，可阐明各类群之间的发生关系，对其所包含的遗传信息进行定性、定量的研究，并分析其在分类与系统进化以及发育上的意义。20世纪下半叶，随着聚合酶链反应（PCR）技术的发明，经过多年的发展与完善，其已成为分子系统学研究的基础组成部分。PCR、DNA技术的成熟与完善，计算机技术的进步使分子系统学进入了高速发展时期。分子系统学的大量应用，使地衣分子系统学逐渐发展起来。从某种意义上来说，地衣的分子系统学研究，本质上就是共生菌的分子系统学研究[38]。

DNA普遍存在于生物体基因组中，使我们可以在比较大的范围内，利用核糖体DNA（rDNA）之间的联系，考察不同的生物物种间的关系。rDNA含有3个功能基因（SSU、5.8S rRNA和LSU）以及非编码区ITS1、ITS2和IGS。进化速率大体是IGS≈ITS >> LSU > SSU，这些差异在分类研究中有十分重要的作用。地衣作为菌藻共生体，在地衣的分子系统学研究中，合适的特异性引物设计是获得单一的共生菌核rDNA PCR产物的关键。1986年，Blum等首次用分子生物学技术区分了疱脐衣属（*Lasallia*）和石耳属（*Umbilicaria*）[39]。1999年，White等设计出5条适用于ITS的通用引物和8条适用于SSU rDNA的通用引物，以及另外13条适用于线粒体rRNA基因扩增的引物。但是这些引物大都没有很好的专一性，在地衣的分子系统学中应用有局限性[40]。

1990—1994年，rDNA的限制性片段长度多态性（RFLP）在地衣分子系统学中广泛应用[41-44]。1992年，Gargas等首次基于4种子囊菌［粗糙链孢菌（*Neurospora crassa*），酿酒酵母（*Saccharomyces cerevisiae*），壳网衣（*Lecidea crustulata*）和羊肚菌（*Morchella esculenta*）］、莱茵衣藻（*Chlamydomonas rein-*

hardtii）和网柄菌（*Dictyostelium discoideum*）的 SSU rDNA 序列，设计出了 8 个特异性引物，在 52℃及以上的退火温度下，可专一性地扩增真菌 SSU rDNA[45]。1993 年，Gardes 等改进了 White 等用于扩增 ITS 序列的通用引物，又设计了针对性更强的地衣 DNA 序列的扩增引物（ITS1F）[46]。1993 年，Niu 等使用 ITS2 序列区分了丘疹疱脐衣（*Lasallia papulosa*）和孔胞脐衣（*L. rossica* ）两个疑难种[47]。1995 年，Egger 设计出了用于真菌 ITS 序列扩增的特异性引物（NL6A）[48]。目前普遍使用 Vilgalys 等[49-50]报道的用于扩增真菌中的 LSU rRNA 引物对地衣的 LSU rDNA 基因片段进行扩增。1995 年，Gargas 等使用 SSU rDNA 序列，首次从分子水平上证明了地衣的多重起源[51]。1997 年，Groner 等首次把 ITS 序列用于地衣的研究，分析了树花属的 3 个种的种内差异与地理差异[52]。1998 年，Lohtander 等首次将随机扩增多态性 DNA 标记（RAPD）技术用于地衣的研究，结果不是很理想，他推测可能是由于共生藻的影响[53]。同年，Lohtander 等以 ITS 序列作为参照，使用 RAPD 技术研究好望角染料衣（*Roccellina capensis*）群体[54]。1998 年，Murtagh 等首次从纯化培养的共生菌中提取 DNA 以及直接从子囊盘中提取 DNA，成功避免了藻细胞可能的污染[55]。此后，RAPD 技术在地衣的研究中得到了快速发展[56-57]。1999 年，Platt 等首先使用 SSU rDNA、LSU 两个序列对类羊角衣科（Baeomycetaceae）进行了分类研究[58]。2003 年，Walser 等使用微卫星标记技术研究了地衣的扩散、进化和群体差异[59]。

2008 年，Fu 等设计了 5 对引物用于扩增石耳属的 LSU rDNA 序列[60]。SSU rDNA 进化速率相对 ITS 序列慢，因此主要用于属以上的分类单元。ITS 进化速率相对较快，具多变异位点，主要用于属和种类的系统发育研究。目前，随着分子数据库 ITS 序列的大量增加，越来越多的地衣研究者通过 ITS 序列的扩增，用 Blast 来鉴定新分类单位、新物种[61-63]。进化速率介于 ITS 和 SSU rDNA 序列之间的 LSU rDNA 序列，主要用于属级、科级的分类[64-65]。目前在地衣分子系统学研究中，很多的研究报道采用了联合多基因进行系统发育研究[66-72]。虽然这从某种程度上弥补了单一数据的不足，但由于存在主观因素，其可靠性以及拼接手段的规范性都有待进一步研究与探讨。

地衣分子系统学的迅速发展，为鉴定和划分地衣提供了方便、快速和可靠的理论依据。在物种形态特征有细微差异时，可以通过对分子数据进行比对分析和对进化树的聚类分析，确定地衣物种。然而，从分子技术手段来看，对地衣的鉴定并没有完善的标准。相对于完善的传统分类学，分子系统学在地衣分类中的完善及应用尚处于摸索起步阶段。

1.3 地衣共生藻研究现状

真核藻类和蓝藻是最常见的地衣共生藻，为共生菌提供连续稳定的碳水化合物。共生菌的特殊结构则给共生藻提供一个长期避免阳光照射的“庇护所”。

1863 年，瑞士植物学家 Schwendene 基于大量的解剖实验证据提出了地衣是真菌与藻类的共生联合体的假说[2]。但著名的地衣学家 James Crombie 和 Nylander 拒绝接受这一假说，他们认为所有的生物都应该是自主生活的。直到 19 世纪末 20 世纪初，人们才普遍接受了地衣的二元性学说。1939 年，Thomas 在实验室首次人工重建了地衣，这一结果震惊了学术界。自然界大约有 20% 的真菌依靠藻类，通过与藻类共生来获得必需的营养物质。

地衣共生藻最初是由自由生活的藻类演变而来[73]。已报道的地衣共生藻约有 40 属 120 种，主要分布于蓝藻门(Cyanophyta)和绿藻门(Chlorophyta)，极少为褐藻门(Phaeophyta)。绿藻门中的共球藻属(*Trebouxia*)大约占到已被报道共生藻的 40%[11]，橘色藻属(*Trentepohlia*)占到了 25% 左右[74]，而蓝藻门中的念珠藻属(*Nostoc*)占到 10%[75]。共球藻属中大多数种类只能与地衣共生，而橘色藻属和念珠藻属的大多数种类既可以与地衣共生，又可以在自然环境中独立地自由生活。大约 85% 的地衣含有的共生藻属于绿藻门，10% 的地衣含有的共生藻属于蓝藻门，3% 的地衣即可以含有属于绿藻门的共生藻，又可以含有属于蓝藻门的共生藻[76]。1988 年，Ahmadjian 甚至认为共球藻属离开共生菌不能存活[77]。1982 年，Renner 等在假杯点衣属(*Pseudocyphellaria*)中首次发现了共生菌在发育过程中的共生藻由蓝藻变为绿藻[78]。1995 年，Rikkinen 通过研究证明，地衣与其共生藻没有高度的专一性；同一种地衣可能有不同的共生藻，可能含有一种共生藻，也可能含有两种甚至三种；含有不同藻类共生体的地衣在形态上相似，次级代谢产物也是一样的。因此他推断地衣的形态主要是由共生菌所主导，共生藻几乎没有起到作用[11]。

2006 年，Yahr 等指出狭石蕊(*Cladonia subtenuis*)中的共生藻因地域环境不同具有高度的可变性[79]。2008 年，Nelsen 等通过研究表明，地衣共生藻的交替变化是一种常见现象[80]。2010 年，Muggia 等通过研究指出，阿尔卑斯高山区的地衣岩生茶渍(*Lecanora rupicola*)和黑盘灰衣(*Tephromela atra*)的共生藻是单层共球藻(*Trebouxia simplex*)，同样的地衣在地中海地区的共生藻是藤共球藻(*T. arboricola*)[81-82]。2011 年，Thüs 等系统地研究了瓶口衣科(Verrucariaceae)地衣的共生藻，共发现绿藻门中的 5 个属，黄藻门(Xanthophyta)中的 1 个属。此外他还指出共球藻属和星绿藻属(*Asterochloris*)分别是茶渍目(Lecanorales)和黄枝衣目(Teloschistales)地衣中主要的共生藻属，类似于在地卷目（Peltigerales)地衣中，念珠藻属是主要的共生藻[83]。

Thüs 等和 Muggia 等指出地衣体可能含有多种藻，但真正的共生藻可能只有 1～2 种，有一些只是存在于地衣体裂片或表面等。地衣体裂片或表面的藻类可能是一种潜在的地衣共生藻。2013 年，Muggia 等指出，具有可变换共生藻的地衣具有更加广阔的生态分布，它们可以根据环境变化更换自己的“合作伙伴”以适应环境。同时，藻细胞的基因型也可能发生变化，以适应这种变化[83-84]。

1.3.1 常见共生藻属

(1)共球藻属。

单细胞，有时许多细胞不规则地聚集于一起；细胞球形，少有椭圆形，细胞壁薄，偶具胶鞘；色素体 1 个，轴位，星芒状；具有 1 个蛋白核，偶有 2～3 个；细胞核 1 个，常常近细胞一侧。以似亲孢子和动孢子进行生殖，动孢子具有 2 根等长的鞭毛。某些种类有性生殖时产生等长或不等长鞭毛的配子。主要存在于鹿蕊属(*Cladina*)、石黄衣(*Xanthoria*)、石蕊属、蜈蚣衣属(*Physicia*)等地衣中。

(2)橘色藻属。

丝状或绒毛状，细胞壁厚或分层，细胞圆柱或近球形，单细胞组成的分枝丝状体，匍匐或向上直立；有时细胞顶端具有顶帽；色素体带状、盘状、螺旋状，无蛋白核，不含淀粉，常含大量血红素而呈橘黄色。营养繁殖，无性生殖的动孢子囊为椭圆形或卵圆形，动孢子 4 根鞭毛。配子囊球形，有时可单性生殖。

(3)小球藻属(*Chlorella*)。

单细胞或多个细胞聚集成群。浮游；细胞体积相差较大；多球形、椭圆形，有时左右不对称；色素体 1 个，周生；有或无蛋白核，细胞壁厚或薄；生殖时最多可产生 32 个似亲孢子。其主要存在于癞屑衣(*Lepraria chlorina*)、粗网衣(*L. coarctata*)、粉衣属(*Calicium*)、壳假网衣(*Porpidia crustulata*)等地衣中。

(4)胶球藻属(*Coccomyxa*)。

细胞椭圆或卵圆形；长 7 ~ 12 μm，宽 4 ~ 10 μm；盘状载色体，缺少淀粉核；静孢子繁殖，偶具胶鞘。常见于散盘衣属(*Solorina*)和地卷属内的一些种类。

(5)念珠藻属。

珠状，胶质包裹的丝状体；藻殖段常见。这些藻殖段通常是由于在异形胞与营养细胞之间断裂而形成的。常见于地卷属和胶衣属内的一些种类。

1.3.2 中国地衣共生藻研究概况

我国对地衣共生藻的研究起步较晚，研究报道较少。

2002 年，孔繁翔等通过研究发现，淡腹黄梅衣的共生藻更容易被 SO_2 伤害[85]。2009 年，雷海燕确认了大叶梅属(*Parmotrema*)地衣的共生藻为念珠藻，颠覆了地衣学工作者普遍认为梅衣科(Parmeliaceae)地衣的共生藻为绿藻的观点[86]。2009 年，曹叔楠指出拟橙衣(*Fulgensia fulgens*)的共生藻在干旱条件下通过增加可溶性蛋白来维持渗透压[87]。2010 年，苏敏初步研究了拟橙衣的共生藻培养条件及其在固沙生态学方面的意义[88]。2011 年，张青从 10 个地衣样品中分离了共生藻，认为共生菌与共生藻的共生关系与生长基质密切相关[89]。2011 年，张涛等在干燥胁迫的条件下将分离自石果衣(*Endocarpon pusillum*)的共生藻进行实验，发现共生藻最长可以存活 2 个月[90]。2012 年，卢高飞通过研究表明，石耳(*Umbilicaria esculenta*)共生藻在偏酸性(pH 值 6.0 ~ 7.0)的条件下具有最大的光合活性，在干燥的条件下能抵御高温胁迫[91]。2013 年，李慧等对采自南极和北极的 32 份地衣样品的共生藻 ITS 序列进行测定，结果表明，32 份地衣样品共生藻全部为长白山共球藻(*Trebouxia jamesii*)，长白山共球藻的基因型存在一定程度的地区特异性[92]。

1.4 地衣生长发育研究进展

1.4.1 地衣营养生理

地衣十分耐旱，某些地衣的干重只有其水饱和状态下的 10% 左右[76]。地衣水分关系的特点主要是吸水快，失水也快，这是有别于其他生物所没有的现象。降雨时，处于干燥条件下的地衣体只需 1 min 左右就会水饱和、晴天，干燥时，数小时就会失去水分变干。

(1)碳素营养。

共生藻光合作用为地衣提供所需要的碳源。共生藻的净同化作用很低，仅能提供非常少的碳化合物给共生菌，这可能是地衣生长缓慢的一个重要原因。

(2)氮素营养。

氮素是地衣中蛋白质合成的重要元素。地衣不仅能从周围环境中吸收和利用氮素，某些地衣的共生藻(念珠藻属)还能直接固定空气中的氮素以供其吸收利用。在北极地区，地衣中的共生蓝藻可以协助共生菌固定大约 80% 氮元素[93]。地衣在有氮源时蛋白质的合成速率和缺乏氮源时蛋白质的破坏速率均是十分缓慢的。

(3)矿物质元素。

地衣对矿物质元素的吸收主要有两种方式：① 从空气中直接吸收溶解于露水和雨水等里的矿物质溶解物；② 从基物中直接吸收矿物质元素。研究表明，地衣中的 Cd、Zn、Pb、Sn 等元素的含量高于高等植物。壳状地衣中的 Ti、Sr、Yt、V 等元素含量较高。树皮生地衣中的 Al、P、Mg、Fe 等元素含量较高。地衣承受和积累矿物质元素的能力远远高过一般的植物[4]，但是过量积累，容易对菌体造成危害，甚至死亡。

1.4.2　地衣生长发育

地衣中的孢子成熟以后，在适宜的条件下从子囊中释放出来。在一定的基物上，合适的条件下萌发和生长形成菌丝体。前地衣体阶段：当菌丝体与共生藻“邂逅”后开始共生生活，随后共生藻繁殖并被菌丝分开，前地衣体慢慢增大，假皮层形成。当共生藻细胞逐渐在假皮层内形成层时，便进入了初生地衣体阶段。随后髓层、下皮层等出现，渐渐形成了营养性地衣体。地衣体进行营养生长后，子实体便开始形成。然而在大自然中，多数地衣的生活起点是粉芽、裂芽、地衣体碎片等，而不是孢子。枝状地衣与壳状地衣的生长模式已被广泛研究[75]，而对于壳状地衣的生长模式，我们还知之甚少。极端炎热或寒冷的气候条件下，适合地衣生长的天数，往往只有个位数；而在温带地区，适合其生长的时间可长达数月。肺衣属中的几种地衣(*Lobaria* spp.)和花边地衣(*Ramalina menziesii*)是目前已知的生长最快的地衣[93-94]。

地衣生长速度十分缓慢使之成为测量冰缘沉积物及冰川年代的一种简便方法。Sancho 等[93-94]分别测定了南极洲两处冰川的年代，并比较了 6 种壳状地衣的生长速度，其中瘿茶渍(*Placopsis perrugosa*) 年增长率最高可达 20 mm，年均增长率也高于一般的壳状地衣，达到了 9 mm。

1.5　地衣共生藻抗逆性研究进展

目前对地衣共生藻的研究多集中于菌藻之间的物质交流等方面。

Honegger 指出共生菌的代谢产物能够使其抵御胁迫或极端环境，保护共生藻免受强光照射，而共生藻则能给共生菌提供营养物质[95]。对于共生菌的抗逆性研究已有大量报道，而对于共生藻的抗逆性研究则鲜有报道。

1973 年，Ahmadjian 等指出在干旱胁迫的条件下，13 种分离自地衣的共生藻可存活 6～13 周[96]。

2007 年，Sancho 等通过研究分离自丽石黄衣的共生藻，发现其藻细胞不像其共生体一样能抵抗真空环境等极端环境的胁迫[97]。

2008 年，Vera 等通过研究分离自丽石黄衣的共生藻，发现其藻细胞对紫外辐射的胁迫抵抗能力非常低[98]。

2009 年，Kosugi 等对比了安田树花(*Ramalina yasudae*)及其分离培养的共球藻对干旱胁迫的响应。结果表明，共球藻在完全干旱的条件下仍然保持了部分活性，而共生体在同样条件下的光合活性已经被完全抑制。共生藻荧光淬灭低于共生体，共生藻对光抑制也表现得更为敏感。Kosugi 等由此指出，共生菌增强了共生藻对环境胁迫的抵抗能力[99]。

国内对共生藻抗逆性的研究报道相对较少，2002 年，孔繁翔等分离培养了淡腹黄梅衣共生藻和共生菌，通过研究 SO_2 对共生藻菌营养关系的影响，指出在地衣中，抗氧化任务主要是由共生菌所承担的[85]。

2009 年，曹叔楠通过研究指出，分离自拟橙衣的共生藻细胞在干燥胁迫的条件下，通过增加可溶性蛋白的含量，维持细胞渗透压平衡[87]。

2011 年，张涛等将分离自石果衣的共生藻细胞进行干燥胁迫，发现共生藻最长可以存活 2 个月。对共生藻干燥胁迫 2 个月后，其细胞严重失水收缩变形，质壁分离明显[90]。

2012 年，卢高飞将分离自石耳的共生藻细胞进行了紫外线照射，研究表明，共生藻的光合活性没有受到明显的影响，共生藻对紫外线胁迫有一定的抵抗能力；共生藻在偏酸性(pH 值 6.0～7.0)的条件下有最大的光合活性。因此，在干燥胁迫和强光胁迫的条件下，通过自然失水是其避免伤害的一种重要机制[91]。

1.6 研究目的及意义

我国对地衣的共生藻研究相对薄弱，随着世界各国对地衣共生藻研究的日益深入，今后我们不但应该继续加强对地衣的系统分类研究、地理区系和群落类型方面的调查，还应加强对其共生藻的系统分类研究。

本书研究了管涔山地区地衣多样性及共生藻的系统性，特别是以壳假网衣为切入点，对壳假网衣的形态解剖特征、化学物质、分子系统学进行了深入的研究；同时，对共生藻的形态特征和分子系统学也进行了深入研究。此外，还对壳假网衣的生长与其共生藻的关系以及共生藻的抗逆性进行了研究。本书通过对地衣共生藻提出研究的迫切性，旨在推动我国地衣生物学和藻类生物学的发展。

第二章

地衣多样性研究区域及方法

2.1 研究区域及自然概况

本研究围绕汾河源头以管涔山林区(图2.1)为主进行采集、鉴定。根据管涔山地区自然地理情况，共选取了11个采样点(表2.1)。该林区位于山西省西北部的吕梁山北端，地跨山西省忻州市的宁武、神池、五寨、岢岚、静乐、原平等六县市，由大石洞等12个林场和芦芽山国家级自然保护区管理局组成，地理坐标为111°39′—113°33′E，38°24′—39°03′N，林区总

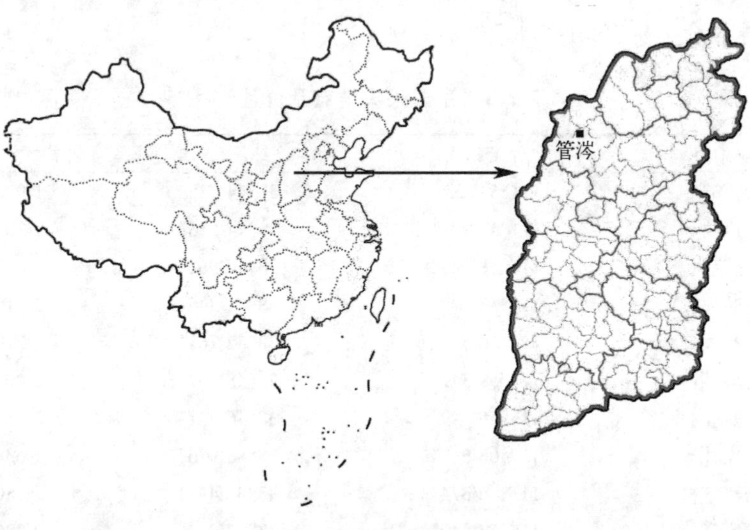

图2.1 管涔山研究区域

面积4.88×10⁴ hm²，主体为东北—西南走向的褶皱山地，海拔1 600 ~ 2 787 m，荷叶坪、芦芽山、马仑草原等西北部山峰海拔均在2 000 m以上，其中荷叶坪最高，海拔达2 783.18 m。

林区内岩石主要以太古代片麻状花岗岩为主，多数地区上层有石灰岩覆盖，土壤随海拔高度呈现垂直地带谱。1 300 ~ 1 600 m为山地褐土，1 600 ~ 2 600 m为山地棕壤和山地淋溶褐土，2 600 m以上为山地草甸土，其中2 700 m以上为亚高山草甸土。

林区气候冬季漫长，严寒多雪，夏季凉爽，雨量充沛，春秋季短暂。高山地区年平均气温 -0.11℃左右，7月最暖，平均温度14.13℃，无霜期90 d左右，年降水量900 mm，空气相对湿度64%。林区水源丰富，大小沟壑流水淙淙，山西省第一大河流——汾河发源于林区腹地。林区中植被较完整，植物资源极为丰富，其中木本植物60余种，草本植物500余种。林业用地面积2.27×10^4 hm²，森林覆盖率为39.12%。树种组成以云杉、华北落叶松为主，大部分为天然次生林，具有华北植物种群的典型特征。林区内还有丰富的野生动物资源，据近期调查，区内有野生动物240余种，包括鸟类、两栖爬行类和兽类，其中有国家一类保护动物褐马鸡，还有列入《濒危野生动物植物物种国际贸易公约》的珍贵鸟类黑鹳以及金钱豹、石貂、原麝等珍稀保护动物[100-101]。

表2.1 主要采集地点及位置

采集地点	经度(E)	纬度(N)	海拔(m)
大河畔	111°53′332″	38°44′735″	1 927
冰口洼	111°53′985″	38°44′516″	2 300
马仑草原	111°58′326″	38°46′962″	2 680
荷叶坪	111°50′205″	38°43′340″	2 710
秋千沟大梁	111°56′559″	38°52′763″	2 270
白桦家塔	111°58′341″	38°48′237″	2 200
菜地圪洞	111°56′749″	38°46′841″	2 380
马家庄林场	112°05′618″	38°48′976″	1 638
五寨渡家村	111°46′374″	38°42′459″	2 380
宋家崖	111°57′840″	38°47′012″	2 380
岔上村下	112°02′713″	38°52′346″	1 800

2.2 地衣多样性研究方法

地衣的分类主要采用经典分类学方法，从形态特征、解剖结构和化学组成三方面进行综合研究。近些年，分子生物学的发展大大促进了地衣在物种水平和系统发育上的研究，从分子水平上解释了地衣物种的多样性及其演化规律。

2.2.1 形态学研究方法

采用光学体式显微镜观察地衣的外部形态特征，表面的颜色、环带是否缺失，边缘是否完整；粉芽、粉芽堆、粉霜等的颜色、形态及分布；子囊盘的大小、颜色、形状。观察地衣体皮层、髓层等的显色反应[102]。

2.2.2 解剖学研究方法

主要是在显微镜下观测子囊盘的结构特征(子实层、囊层基等)，子囊和子囊孢子特征(排列方式，孢子的个数、大小、形状、隔膜等)。陈健斌[103]通过对几十种地衣的子囊顶端结构、子囊开裂方式、孢子的释放类型进行详细的研究，结果将鸡皮衣科(Pertusariaceae)、地卷科(Peltigeraceae)和黄枝衣科(Teloshistaceae)从茶渍目(Lecanorales)中分离出来，形成独立的目。

2.2.3 化学物质测定方法研究

地衣的化学组成是其多样性研究中不可或缺的基础组成部分。地衣共生的特殊性使其能够产生多数其他生物所不能产生的次生代谢产物。目前已知的地衣次生代谢产物约有 700 余种[104]。地衣次生代谢产物一般在菌丝细胞内合成，然后以结晶形式积聚在菌丝体表面。独特的次生代谢产物在地衣的生长发育过程和生态系统的演化中具有重要的生物学意义。

目前地衣化学物质的测定方法主要有化学显色反应法(CT)、微量化学重结晶法(MCT)、化学物质标准薄层层析法(TLC)[102]。

2.2.3.1　化学显色反应法

化学显色反应法是芬兰地衣学家 Nylander 最先应用于地衣分类鉴定的。他首先发现了地衣体遇碘(I)、漂白粉(C)和氢氧化钾(K)会发生显色反应，这种反应在分类鉴定中具有应用价值。Leighton 随后又将氢氧化钾与漂白粉联合反应(KC)应用于地衣分类鉴定中。1933 年，Asahina 又将对苯二胺(P)应用于化学显色法。化学显色法易操作，反应快，是地衣实验室常规检测手段之一。

C：传统方法中应用次氯酸钙的饱和水溶液，也有人使用次氯酸钠溶液来代替次氯酸钙饱和水溶液，其效果一样。无论采用次氯酸钙的饱和水溶液还是次氯酸钠溶液，使用时都应检验它们是否仍具有活性。

K：10% ~25% 的氢氧化钾水溶液。

KC：氢氧化钾与次氯酸钙(钠)。先使用 K，紧接着补加 C。

P：对苯二胺必须在暗处保存，使用时配成 5% 的乙醇溶液。最好随用随配。使用时取出 1 颗对苯二胺晶体置于比色瓷盘中，当即加一两滴乙醇，使之溶解，便可使用。

I：碘，用 75% 乙醇作为溶剂，配成 1% 碘溶液。

将上述试液分别滴入地衣体皮层或髓层部分，并观察有无显色反应。显色试验均在体视显微镜下进行。在进行地衣皮层显色试验时，用纤细的毛细管将试液轻轻滴在地衣体皮层表面，将一片滤纸条浸于地衣体表面的试液小滴中，从洁白的滤纸条上便可精确地辨认出反应结果。在进行地衣髓层显色试验时，首先用小刀片轻轻削去地衣体皮层，要防止皮层碎屑粘留在待试地衣的髓部，之后将试液用毛细管滴在待测地衣髓部中央，其他步骤与上述方法相同。

显色试验结果的习惯记录方法(以 K 为例)：地衣体 K + 红色，即地衣体遇氢氧化钾变红；地衣体 K + 黄→红，即地衣体遇氢氧化钾变黄，随后变红；髓层 KC + 红色，即髓层遇氢氧化钾及氢氧化钠联合反应后变红；

地衣体 K－，即地衣体遇氢氧化钾不变色。

常见地衣次生代谢产物显色反应检索表

1. 地衣体皮层内所含地衣物质 …… 2
1. 地衣体髓层内所含地衣物质 …… 6
   2. 无色化学物质 …… 3
   2. 色素物质 …… 4
3. 皮层 P＋深黄色(进而变红色)；K＋深黄色(进而变红色) …… 地茶酸(thamnolic acid)
3. 皮层 P－，K＋黄色 …… 黑茶渍素(atranorin)
   4. 皮层橙色，K＋深紫红色 …… 石黄酮(parietin)
   4. 皮层橙色 …… 5
5. 皮层 KC＋黄色 …… 松萝酸(usnic acid)
5. 皮层 KC－ …… 枕酸(pulvic acid 或 pulvinic acid)
   6. 髓层 K＋ …… 7
   6. 髓层 K－ …… 富马原冰岛衣酸(fumarprotocetraric acid)
7. 髓层 K＋红色或黄色：C－，P＋橙色或黄色 …… 8
7. 髓层 K＋浅褐色，或 K－，C－，KC－，P＋砖红色 …… 9
   8. 髓层 K＋黄色，P＋橙红色 …… 斑点酸(stictic acid)
   8. 髓层 K＋血红色，P＋深黄色 …… 水杨嗪酸(salazinic acid)，降斑点酸(norstitic acid)
9. 髓层 C＋，P－ …… 10
9. 髓层 C－ …… 12
   10. 髓层 C＋蔷薇红色或血红色 …… 11
   10. 髓层 C＋非红色，为橙色 …… 橄榄陶酸(olivetoric acid)
11. 髓层 C＋蔷薇红色 …… 三苔色酸(gyrophoric acid)
11. 髓层 C＋血红色 …… 茶渍酸(lecanoric acid)
   12. 髓层 KC＋ …… 13
   12. 髓层 KC－ …… 16
13. 髓层 P＋砖红色，KC＋蔷薇红色 …… 原冰岛衣酸(protocetraric acid)
13. 髓层 P＋砖红色 …… 14
   14. 地衣体 UV－ …… 袋衣酸(physodic acid)，隐氯地衣酸(cryptochlorophaeic acid)
   14. 地衣体 UV＋ …… 15
15. 髓层 UV＋＋＋ …… 树发酸(alectoronic acid)

15. 髓层 UV + ………………………………………………………… 巴巴酸(barbaticacid)

 16. 髓层 P + ……………………………………………………………………… 17

 16. 髓层 P – ……………………………………………………………………… 18

17. 髓层 P + 砖红色 ……………………………………………… 富马原冰岛衣酸

17. 髓层 P + 黄色 ……………… 茶痴衣酸(psoromic acid), 羊角衣酸(baeomysic acid)

 18. 地衣体 UV – …… 原地衣硬酸(protolichesteric acid), 皱梅衣酸(caperatic acid)

 18. 地衣体 UV + ………… 珠光酸(perlatolic acid), 柔扁枝衣酸(divaricatic acid)

2.2.3.2 地衣微量化学重结晶法

日本地衣学家朝比奈泰彦开创的地衣微量化学重结晶法是将某些试液与载玻片上已经干涸了的地衣化学提取物相混合，溶解后重结晶为盐类。依据盐类重结晶形体的不同，判断地衣的化学物质。该方法主要是对化学显色反应法的补充。

2.2.3.3 地衣化学物质标准薄层层析法

20 世纪下半叶，随着薄层层析法在地衣化学分类中的应用，地衣分类学研究进入了高速发展时期。薄层层析法具有需要样品量少，前处理简单，检测速度快，成本低廉，灵敏度高的特点，应用上比微量化学重结晶法方便、简单、高效，在地衣化学分类上得到越来越多的应用。

2.2.4 地衣分子生物学方法

根据物种 DNA 序列含有的遗传信息，进而对物种进行分类的研究已经成为对传统形态分类学的一种重要的补充。其中常被用于地衣分类的分子生物学方法包括随机扩增多态性 DNA 标记(RAPD)、限制性片段长度多态性(RFLP)、序列分析等方法。分子系统学的大量应用，使得地衣分子系统学逐渐发展起来。从某种意义上来说，地衣的分子系统学研究，本质上就是共生菌的分子系统学研究。

目前，在地衣的分类学研究中常通过测定核苷酸的序列组成来比较分析同源分子之间的相关性。直接测定序列为鉴定和划分地衣提供了快速、可靠和方便的理论依据，能迅速地检测株系之间基因的多样性。目前常用的地衣分子标记有 GADPH、SSU、ITS 等。

(1) GADPH 序列具有较高的保守性，适合于较高的分类阶元系统学分析。Thell 等[105]基于 GADPH、ITS 和 β - tubulin 序列，研究了分布于南半球和热带的梅衣科(Parmeliaceae)，确定了梅衣科的单系起源。

(2) SSU 序列中同时具有保守区和可变区。目前常用于较高的分类阶元系统学分析。Gargas 等[51]以 18S rDNA 序列作为分子标记，研究了子囊菌的进化关系。Bruns 等[106]首次利用 18S rDNA 序列研究分析了真菌在真核生物中的地位。

(3) ITS 序列具有高度的变异性，常用于属级以下及种分类单位的分子系统学研究。不同的物种之间序列差异非常大，显现出高度的可变性，这种高度的可变性可用作地衣精准的分子指标。Helms 等[67]结合蜈蚣衣科(Physciaceae)和粉衣科(Caliciaceae)的形态特征以及 ITS 基因序列，确定蜈蚣衣科和粉衣科属于两个不同的科，解决了一直以来的争议。

2.3　共生藻多样性研究方法

2.3.1　形态学研究方法

利用光学体式显微镜对共生藻的形态特征进行观察，主要观察藻细胞的大小、形态、色素体的形态、有无鞭毛、有无蛋白核、生殖方式等。地衣共生藻最初是由自由生活的藻类演变而来，然而在地衣进化的过程中，为了适应共生的需要，其形态特征往往发生变化，而我们常常对共生藻的认识停留在属一级上[107]。

2.3.2　系统发育学研究方法

由于地衣共生藻与自由生活的藻类往往在形态上有较大的区别，所以对共生藻种类的确定一般会采用形态特征和分子数据相结合的方法。在共生藻分子系统学研究中，我们采用最常用且快速、简便的基因序列方法。

目前主要用于共生藻分类的基因有叶绿体基因组的 *rbc*L 基因和核基因组的 SSU 与 ITS 序列。

(1)*rbc*L 是叶绿体中编码核酮糖 1, 5 - 二磷酸羧化酶/氧化酶大亚基的基因，片段长约 1.4 kb，进化速率较慢，常用于分析属及属以上的系统关系。

(2) SSU 是核糖体基因，序列中同时具有保守区和可变区，进化速率相对保守，常用于种级以上阶元的系统关系分析。

(3) ITS 序列是目前分析属以下分类阶元系统关系最简便、最有效的方法。ITS 序列主要由 ITS1、5.8S、ITS2 三部分组成，其中 ITS1 连接 18S 与 5.8S，ITS2 连接 5.8S 与 26S。ITS 序列具有高度的可变性，常用于研究属内、种间、属间系统关系。

2.4 常用分子系统树构建方法

通过分子系统发育树的构建来研究物种之间的进化关系，为分子系统分类学提供了理论依据。分子系统发育树一般分为无根树和有根树两种，无根树只是表示了分类单元间的距离，有根树则反映了物种进化的顺序。构建系统树主要包括特征数据、距离数据以及相似性数据等数据。

常用的分子系统发育树构建方法主要有最大简约法(MP)、最大似然法(ML)、邻接法(NJ)、贝叶斯法(BA)。四种构树方法各有其优缺点。

(1)最大简约法是选择变化量最小的系统发育树。主要优点：假定少、模型简单、计算快速；主要缺点：低估 Ka/Ks 值[108]。

(2)最大似然法是在一定的替代模型和系统发育树下，估计出序列数据集的最大似然值。主要优点：使用全部位点信息，多重替代，似然比的检验可用作评估替代模型和系统发育树等；主要缺点：计算量较大、耗时较长，适用于中小型的数据集[109-110]。

(3)邻接法是基于最小进化的原理，无分子钟假定，最终生成一个有枝长的完全分解的系统进化树。主要优点：快速地分析大的数据集，准确率较高；主要缺点：仅能找到近似的最小系统进化树[111]。

(4)贝叶斯法在最大似然法的基础上加入了马尔科夫链的蒙特卡洛方法，利用后验概率来衡量拓扑结构各分支的测度。极大地缩短了最大似然法的计算时间，同时又可以处理参数较多的复杂模型，还可以结合多种数据(DNA、蛋白质、形态)等[112-113]。

2.5 地理成分与分析

在区系分析中，主要是分析每个种在世界上的分布，并据此来划分该种的地理成分和分布型[114-115]。海拔与基物分析主要是根据每份标本采集时的海拔高度、基物等来分析该种地衣在管涔山地区的垂直分布状况及在不同基物上的分布情况，为今后汾河源头地区的地衣的保护与地衣资源的开发利用提供一些基础资料。

第三章

管涔山地区地衣多样性

3.1 管涔山地区地衣种类名录

管涔山地区采集到的地衣标本经鉴定和整理，共鉴定出41个种和变种，隶属17科，29属。其中1科，4属，6种为山西省新记录，优势科为梅衣科(Parmeliaceae)、蜈蚣衣科(Physciaceae)、茶渍科(Lecanoraceae)、石蕊科(Cladoniaceae)和网衣科(Lecanoraceae)。具体种类及分布见表3.1。

表3.1 管涔山地区地衣种类组成

科	属	种	采集地点
瓶口衣科 Verrucariaceae	瓶口衣属 *Verrucaria*	墙上瓶口衣 *V. muralis*	荷叶坪
	皮果衣属 *Dermatocarpon*	皮果衣 *D. miniatum*	五寨渡家村
地卷科 Peltigeraceae	地卷属 *Peltigera*	粉点地卷 *P. erumpens*	冰口洼
	散盘衣属 *Solorina*	绵散盘衣 *S. spongiosa*	荷叶坪

续表

科	属	种	采集地点
茶渍科 Lecanoraceae	赤星衣属 *Haematomma*	白赤星衣 *H. puniceum*	宋家崖
	黄茶渍属 *Candelariella*	柳茶渍 *Lecanora saligna*	荷叶坪
	茶渍属 *Lecanora*	黑茶渍 *L. atra*	荷叶坪
		小茶渍 *L. hageni*	秋千沟大梁，冰口洼，菜地圪洞
		墙茶渍 *L. muralis*	马仑草原
		＊灰绿茶渍 *L. caesiocinerea*	白桦家塔
	小网衣属 *Lecidella*	优果小网衣 *L. euphorea*	白桦家塔
网衣科 Lecideaceae	网衣属 *Lecidea*	网衣 *L. albocoerulescens*	马仑草原，荷叶坪，冰口洼
		软网衣 *L. mollis*	马仑草原
石蕊科 Cladoniaceae	石蕊属 *Cladonia*	喇叭粉石蕊 *C. chorophaea*	马仑草原
		瘦柄红石蕊 *C. macilenta*	荷叶坪
		粉杯红石蕊 *C. pleurota*	冰口洼
黑瘤衣科 Buelliaceae	黑瘤衣属 *Buellia*	盘形黑瘤衣石生变种 *B. disciformis* var. *saxicola*	冰口洼
地图衣科 Rhizocarpaceae	地图衣属 *Rhizocarpon*	地图衣 *R. geographicum*	荷叶坪
黄烛衣科 Candelariaceae	黄烛衣属 *Candelaria*	黄烛衣 *C. concolor*	白桦家塔

续表

科	属	种	采集地点
蜈蚣衣科 Physciaceae	蜈蚣衣属 *Physcia*	糙蜈蚣衣 *P. tribacia*	白桦家塔
		蜈蚣衣 *P. stellaris*	冰口洼
		* 白点蜈蚣衣 *P. aipolia*	菜地圪洞
	黑盘衣属 *Pyxine*	光面黑盘衣 *P. berteriana*	马仑草原
树花衣科 Ramalmaceae	树花属 *Ramalina*	中国树花 *R. sinensis*	冰口洼，秋千沟大梁
胶衣科 Collemataceae	胶衣属 *Collema*	束孢胶衣 *C. fasciculare*	秋千沟大梁，马仑草原
	猫耳衣属 *Leptogium*	土星猫耳衣 *L. saturninum*	秋千沟大梁
瓦衣科 Coccocarpiaceae	瓦衣属 *Coccocarpia*	鳞芽瓦衣 *C. fenicis*	岔上村下
* 假网衣科 Porpidiaceae	* 假网衣属 *Porpidia*	* 壳假网衣 *P. crustulata*	荷叶坪
梅衣科 Parmeliaceae	梅衣属 *Parmelia*	梅衣 *P. tinctorum*	冰口洼
		莠梅衣 *P. ruderata*	秋千沟大梁
		石梅衣 *P. saxatilis*	冰口洼
		黄果梅衣 *P. irrugans*	冰口洼
	* 网裂梅属 *Rimelia*	* 黑腹网裂梅 *R. reticulata*	岔上村下
	* 褐梅属 *Melanelia*	* 胡氏褐梅 *M. huei*	白桦家塔
	* 点黄梅属 *Flavopunctelia*	* 卷叶点黄梅 *F. soredica*	白桦家塔

续表

科	属	种	采集地点
石耳科 Umbilicariaceae	石耳属 *Umbilicaria*	灰石耳 *U. cinerascens*	白桦家塔
肺衣科 Lobariaceae	假杯点衣属 *Pseudocyphellaria*	黄假杯点衣 *P. aurata*	荷叶坪，五寨渡家村
不完全地衣类 Lichen Imperfecti	地茶属 *Thamnolia*	地茶 *T. vermicularis*	菜地圪洞
	癞屑衣属 *Lepraria*	蓝绿痢屑衣 *L. aeruginosa*	秋千沟大梁
		灰白痢屑衣 *L. incana*	马家庄林场，岔上村下
	小皿叶属 *Normandina*	小皿叶 *N. pulchella*	冰口洼

注：＊为山西省新纪录。

3.2 管涔山地区地衣分种检索

分纲、目检索表

1. 子囊菌类与藻类共生(子囊地衣纲 Ascolichenes) ………………………………………… 2
1. 目前尚未发现有性生殖的子实体，暂不能安排其所属地位的一类地衣 ……………………………………………………………………………… 不完全地衣类 Lichen Imperfecti
   2. 子囊果为子囊壳…………………………………………………… 瓶口衣目 Verrucariales
   2. 子囊果为子囊盘 ……………………………………………… 茶渍目 Lecanorales

瓶口衣目 Verrucariales

共生藻为绿藻。

本目采到 1 科。

瓶口衣科 Verrucariaceae

地衣体壳状。共生藻为肋球藻、蚁藻等球形绿藻。子囊壳单一，直立，半埋生，有顶孔；侧丝胶质化，成熟后常消失。

本科采到2属。

分属检索表

1. 地衣体壳状 …………………………………………………… 瓶口衣属 *Verrucaria*
1. 地衣体盾叶状(脐状)或鳞状 ………………………………… 皮果衣属 *Dermatocarpon*

瓶口衣属 *Verrucaria* Wigg.

地衣体壳状，无皮层。果壳淡色或黑色，常具炭质外壳，孔口顶生；侧丝早期胶质化；子囊内含8孢；孢子无色，长椭圆形或卵圆形，单孢。

本属采到1种。

墙上瓶口衣

Verrucaria muralis Ach.，Verrucaria muralis Ach. Methodus 115(1803)，吴金陵，中国地衣植物图鉴，27，Pl. 11：2，1987.

地衣体壳状，质较薄。表面平滑或有龟裂，有时呈粉状，呈灰白色至污灰绿色，无下地衣体。

子囊壳半埋生于地衣体中，上部突出，呈半球形，直径0.2～0.5 mm，黑色，微被白色粉霜，坏朽后在地上留下空穴；果壳近球形，上部褐色或深褐色，下部颜色浅，带淡褐色；外壳半分的，黑色；侧丝很早即胶质化；子囊宽棍棒状，内含8孢；孢子无色，长椭圆形，单孢，20～25 μm×10～13 μm。

髓层：K+浅褐色，P-。

产地：荷叶坪，标本号GH06037(谢树莲，李博)，2006-08-14。

生境：生于石灰岩上。

国内分布：江苏、浙江。

国外分布：欧洲、亚洲、北美洲、非洲北部。

皮果衣属 *Dermatocarpon* Th.

地衣体为叶状，小型至中型，少数为鳞叶状或近似壳状。上和下表面具假薄壁组织的皮层；共生藻为肋球藻。子囊壳埋生于地衣体上表面，孔口黑色点状；果壳完整，球形卵圆形。孢子无色，含有8～16孢。分生孢子器埋生。

本属采到 1 种。

皮果衣

Dermatocarpon miniatum (L.) Mann, Lich. in Bochm. observ. Dispos. 66, 1825.

Lichen miniayus L., Sp. Pl. 1149, 1753.

地衣体单叶型至丛生复叶型，坚硬，革质，近圆形，周边撕裂状，直径 1 ~ 7 cm，我们的标本较小，故直径在 1 ~ 3 cm 之间；上表面灰白色至灰褐色，具粉霜或缺如；下表面淡黄褐色、红褐色、暗褐色至黑色，无粉霜，光滑平坦或具皱纹或具小突起，无假根。子囊壳埋生于上表面皮层内，以孔口外露于表面，呈黑色点状小突起。

皮层：K -，P -；髓层：K -，P -。

产地：五寨渡家村，标本号 GH06042(谢树莲，李博)，2006 - 09 - 27。

生境：生于河岸溪沟旁的岩石上。

分布：北京、河北、陕西、甘肃、云南、西藏、东北地区等。

用途：可药用，主治消化不良等，有健胃、消胀之功效。

茶渍目 Lecanorales

共生藻为球形绿藻。同层型或异层型。子囊盘为茶渍型，有果托；孢子为单孢至多孢。

本目采到 15 科。

分科检索表

1. 地衣体壳状、叶状、枝状或鳞片状 …………………………………………………… 2
1. 地衣体叶状或矮枝 …………………………………………………………………… 3
  2. 地衣体壳状至鳞片状，子囊盘贴生 ……………………………………………… 4
  2. 地衣体叶状或鳞片状，子囊盘半被果型 ……………………… 地卷科 Peltigeraceae
3. 地衣体壳状至鳞片状，孢子无色，单孢至平行多孢 ……………………………… 5
3. 地衣体壳状、鳞片状至叶状或枝状，孢子多数为对极式双孢，稀为平行多孢或偶见单孢 …………………………………………………………………………………… 6
  4. 地衣体壳状至鳞片状，网衣型或蜡盘型 ………………………………………… 7
  4. 地衣体壳状、鳞片状至盾片状，典型茶渍型 ………………… 茶渍科 Lecanoraceae

5. 子囊盘网衣型或蜡盘型 …………………………………………… 网衣科 Lecideaceae
5. 子囊盘蜡盘型，果柄直立于衣体上，中空 …………………………… 石蕊科 Cladoniaceae
6. 孢子为对极式双孢 …………………………………………………… 黑瘤衣科 Buelliaceae
6. 孢子为非对极式双孢 ………………………………………………………………………… 8
7. 地衣体颜色多样 …………………………………………………… 地图衣科 Rhizocarpaceae
7. 地衣体颜色单一 ……………………………………………………………………………… 9
8. 孢子单孢至双孢，无色透明 ……………………………………… 黄烛衣科 Candelariaceae
8. 孢子双孢，灰绿色，褐色至黑褐色 ……………………………… 蜈蚣衣科 Physciaceae
9. 地衣体叶状 …………………………………………………………………………………… 10
9. 地衣体灌丛状至丝状 ……………………………………………… 树花衣科 Ramalmaceae
10. 地衣体叶状或矮枝状，共生藻均为蓝藻 ………………………………………………… 11
10. 地衣体叶状 …………………………………………………………………………………… 12
11. 地衣体胶质，叶状或矮枝状，共生藻为念珠藻 ……………… 胶衣科 Collemataceae
11. 地衣体叶状或矮枝状，共生藻为丝状蓝藻 …………………… 瓦衣科 Coccocarpiaceae
12. 地衣体壳状 ………………………………………………………… 假网衣科 Porpidiaceae
12. 地衣体枝状或叶状 …………………………………………………………………………… 13
13. 地衣体叶状 …………………………………………………………………………………… 14
13. 地衣体宽叶状至狭叶状 …………………………………………… 梅衣科 Parmeliaceae
14. 下表面中央具脐状突起，子囊盘网衣型 ………………………… 石耳科 Umbilicariaceae
14. 地衣体叶状，中型至大型，子囊盘茶渍型 ……………………… 肺衣科 Lobariaceae

地卷科 Peltigeraceae

地衣体叶状，中型至大型，上表面具假薄壁细胞组成皮层，或者下皮层常缺乏，带有明显或不明显的脉纹和假根。共生藻为蓝藻。地衣体上表面有绒毛或无，常具粉芽、裂芽或衣瘿。子囊盘贴生于地衣体裂片先端的上表面或下表面，或者半埋生于地衣体的上表面。

本科采到 2 属。

分属检索表

1. 子囊盘边缘生 …………………………………………………… 地卷属 *Peltigera*
1. 子囊盘表面生、凹入 ………………………………………… 散盘衣属 *Solorina*

地卷属 *Peltigera*

地衣体叶状，中型至大型，上表面具假薄壁细胞组成皮层，常生有粉芽、裂芽或衣瘿，下表面无皮层。共生藻为念珠藻或为绿藻中的胶球藻。子囊盘大多数横生于裂片的先端，较少的种直接生于地衣体的边缘上；盘面上呈红褐色至黑褐色，子囊内含 6 ~ 8 孢；孢子无色。分生孢子侧生。

本属采到 1 种。

粉点地卷

Peltigera erumpens(Tayl.) Vain. , Eyud. Lch. Bresil, 1：182, 1890.

Peltidea erumpens. Tayl. , in Hook London Journ. Bot. 6：184, 1847.

地衣体犬地卷型大叶状，裂片钝圆；上表面无光泽，具一层蛛网状茸毛及圆饼形粉芽堆。子囊盘未见。

皮层：K－，P－。

产地：冰口洼，标本号 GH06028(谢树莲，李博)，2006－08－12。

生境：生于岩面苔藓层上。

国内分布：内蒙古、黑龙江、吉林、辽宁、陕西、西藏。

国外分布：欧洲、亚洲、北美洲、南美洲。

散盘衣属 *Solorina*

地衣体叶状，小型至中型，上表面具假薄壁组织的皮层；下表面仅在子囊盘下面有皮层；脉纹不明显；以假根着生于基物上。共生藻为胶球藻或念珠藻。

本属采到 1 种。

绵散盘衣

Solorina spongiosa(Sm.) Nyl. 吴金陵，中国地衣植物图鉴，83, Pl. 18：2, 1987.

地衣体由两部分组成：初生体(不育型)呈细小鳞叶状，鳞叶宽 1 ~ 2 mm，呈青灰色或黑褐色(一般必须在扩大镜下才能看出)；次生体(能育型)散生于鳞叶之间，呈近圆形单叶状，直径 2 ~ 5 mm，新鲜时呈灰绿色，干燥后变成淡黄褐色，无光泽，平滑。

子囊盘位于次生体的中央，单生，很少两个靠生，直径约3 mm；无盘缘；盘面呈红棕色至暗红褐色，常凹陷；侧丝单一，黏着；子囊圆筒状，内含4孢；孢子初期无色，以后变成红黄色至暗褐色，椭圆形，双孢，37.8 ~40 μm×18 ~24.6 μm。

皮层：K+黄色，P−。

产地：荷叶坪，标本号GH06033（谢树莲，李博），2006−08−14。

生境：生于光裸的岩石上。

国内分布：吉林、陕西、甘肃。

国外分布：欧洲、亚洲、北美洲。

茶渍科 Lecanoraceae

地衣体壳状至鳞叶状，无假根，以下地衣体或髓层菌丝固着在基物上。有上皮层或无。共生藻为共球藻或肋球藻。子囊盘茶渍型，埋生或贴生，具果托；子囊内含8 ~32孢；孢子无色，单孢或多孢。

本科采到4属。

分属检索表

1. 孢子为多孢，呈长针形，往往屈曲 ………………………… 赤星衣属 *Haematomma*
1. 孢子1 ~2孢 ……………………………………………………………………… 2
   2. 地衣体和子囊盘橙黄色或暗黄色，分生孢子椭圆形，平直 ……………………
   …………………………………………………………………… 黄茶渍属 *Candelariella*
   2. 地衣体和子囊盘为其他颜色，分生孢子线性，平直或弯曲 …………………… 3
3. 子囊盘茶渍型或蜡盘型，地衣体不含石黄铜 ……………………… 茶渍属 *Lecanora*
3. 子囊盘黑色，蜡盘型，但果壳狭窄的边缘部黑色，常碳化，其余部分完全不碳化，侧丝易分散 ……………………………………………… 小网衣属 *Lecidella*

赤星衣属 *Haematomma*

地衣体壳状，异层型，以下表面髓层菌丝紧密贴生于基物上。子囊盘茶渍型，贴生或埋生于地衣体上表面；托缘在子囊盘早期可见，以后消失；囊层基无色；侧丝单一，松散；子囊棍棒状，内含 8 孢；孢子无色，长针形或纺锤形，平直或屈曲，3 ~4 孢或多孢。

本属采到 1 种。

白赤星衣

Haematomma puniceum(Sw.) Mass1. 吴金陵，中国地衣植物图鉴，136，Pl. 29：7，1987.

地衣体壳状，质较薄，扁平或微隆起，有龟裂，网纹状，网间面细微，直径约 0. 8 mm，有时生有细粒状疣突；上表面呈淡白色至污灰色，无光泽，周缘围有黑色下地衣体。

子囊盘贴生于地衣体上表面，单生或靠生，圆形或因相互挤压而呈棱角形，直径 0. 5 ~1. 5 mm；盘面呈红色，K + 紫红色，扁平至凸出；囊层被红色；子囊层与囊层基无色，I + 蓝色；子囊宽棍棒状，内含 8 孢；孢子无色，长针形，弯曲，8 ~16 孢，61. 4 ~66. 4 μm ×3 ~5 μm。

皮层：K - ，P - ；髓层：I + 蓝色。

产地：宋家崖，标本号 GH06029(谢树莲，李博)，2006 - 08 - 13。

生境：生于树干上。

国内分布：浙江、四川、贵州、云南、台湾。

国外分布：南美洲、日本。

黄茶渍属 *Candelariella*

地衣体壳状或鳞壳状；呈淡黄色，橙黄色，很少为黄绿色；上皮层具假薄壁组织，无下皮层，共生藻为共球藻。子囊盘茶渍型；托缘细薄；盘面凸出或扁平；侧丝单一；松散，子囊内含 8 ~ 32 孢，孢子无色，1 ~2 孢。分生孢子器黄色点状，分生孢子椭圆形，短小，平直。

本属采到 1 种。

柳茶渍

Lecanora saligna(Schrad.) Zahlbr. , Cat. Lich. Univ. , V：536，1928.

Lichen salignus Schrad. , Spicil. F1. Germ. , 1：84，1794.

地衣体灰黄色或污黄色，有时近褐色，细颗粒壳状或粉状薄层，有时完全不明显。子囊盘单生，无柄，或聚生，直径 0.5 ~ 1.0 mm；圆形或相互挤压为不规则形，盘黄褐色或红黄褐色，有时微褐色，被微白色霜，或裸露，初平，后凸起，托缘通常有细圆齿，发育完善，罕消失；侧丝密织，顶端微加粗；囊层被黄色或橄榄绿色；囊层基无色或浅黄色；孢子 8 孢；孢子 8 ~ 15 μm × 4 ~ 7 μm。

皮层：K + 黄色，P − 。

产地：荷叶坪，标本号 GH06040（谢树莲，李博），2006 − 08 − 14。

生境：生于岩石上。

国内分布：陕西、甘肃。

国外分布：欧洲、亚洲。

茶渍属 *Lecanora*

地衣体壳状、鳞壳状至鳞叶状。共生藻为共球藻。子囊盘茶渍型，贴生至埋生，有果托；侧丝单一，松散，顶端膨大，略呈念珠状；子囊内含 8 ~ 32 孢；孢子无色，椭圆形，单孢。分生孢子线形、平直或弯曲。

本属采到 4 种。

分种检索表

1. 上表面草灰色 ………………………………………… 灰绿茶渍 *L. caesiocinerea*
1. 上表面其他颜色 ……………………………………………………………… 2
  2. 地衣体鳞叶状或鳞壳状 ………………………………………… 墙茶渍 *L. muralis*
  2. 大部分地衣体的种类为壳状 ……………………………………………… 3
3. 子囊盘黑色，囊层被呈紫褐色 …………………………………… 黑茶渍 *L. atra*
3. 子囊盘灰黄色、污绿褐色或污褐色 ……………………………… 小茶渍 *L. hageni*

黑茶渍

Lecanora atra (Ach.) Flag., Catal. Lich. Algerie, 51, 1896.

Lichen hoffmanii Ach., Lich. enogr. Suec. Prodr., 31, 1798.

地衣体壳状，质厚，有颗粒状小疣突；上表面呈灰白色至灰色，无粉芽和裂芽。子囊盘稠密，贴生于地衣体上表面，圆形或形状不规则，直径 1 ~ 2.5 mm；托缘厚，全缘或波状，有时呈锯齿状；盘面呈黑色，有粉霜，扁平或微凸出；囊层被黑褐色；子囊层紫褐色，I+蓝色；囊层基褐色，侧丝单一，黏着；子囊圆筒状，内含8孢；孢子无色，长椭圆形，单孢，10~15 μm×6.5~8.3 μm。

髓层：I+蓝色。

产地：荷叶坪，标本号GH06039（谢树莲，冯佳），2006-08-14。

生境：生于岩石上。

国内分布：江西、四川、台湾。

国外分布：北半球广泛分布。

小茶渍

Lecanora hageni Ach.，Lich Univ.，367，1810；Bachmann，Hedwigia，LXI，3：30，1920.

地衣体灰白色或灰绿色，为近发育的粉霜层，或完全不易觉察。子囊盘通常多数，通常单个离生或微聚生，直径0.2~0.8 mm；盘灰黄色、污绿褐色或污褐色，平或微凹，裸露或被白霜；托缘细薄，全缘或有细圆齿；孢子8孢；孢子8~16 μm×4~6 μm。

皮层：K-，P-。

产地：秋千沟大梁，标本号GH06012（谢树莲，冯佳），2006-08-10；冰口洼，标本号GH06022（谢树莲，冯佳），2006-08-12；莱地圪洞，标本号GH06031（谢树莲，李博），2006-08-14。

生境：生于树皮上。

国内分布：黑龙江、浙江、湖南、四川。

国外分布：北美洲、日本。

墙茶渍

Lecanora muralis（Schreber）Rabenh.，Deutschl. Krypt. F1.，2：42，1845.

Lichen muralis Schreber. Spicil. F1. Lips.，130，1771.

地衣体灰绿色或黄绿色，常带褐色色调，近整齐圆形莲座状；中部鳞状龟裂，近壳状，周边放射状分裂，色较苍白，裂片阔1~1.5 mm，紧贴，多上相覆盖，顶端裂片波状，并稍翘起。子囊盘密集于地衣体中部，圆形常相挤压而为不规则形，有棱角，贴生，直径 1 ~ 1.5 mm，托缘全缘或有细圆齿；盘面黄褐色。

皮层：K－。

产地：马仑草原，标本号 GH06004（谢树莲，李博），2006－08－10。

生境：生于树皮上。

国内分布：安徽（黄山）。

国外分布：欧洲。

灰绿茶渍

Lecanora caesiocinerea Ny1：Bulletin de la Sociéte des amis des sciences naturelles de Rouen：50，1869. ＝*Aspicilia caesiocinerea*（Ny1.）Arn. Verhandlungen der Zoologisch－Botanischen Gesellschaft Wien 36：67，1886.

地衣体壳状，微隆或扁平，龟裂，网状，粒状疣突；上表面草灰色，下地衣体黑色。子囊盘埋生，微凸；圆形至不规则形状，直径约 1 mm，盘面黑色。

髓层：K－、C－、P－。

产地：白桦家塔，标本号 GH09035（谢树莲，李博），2009－08－11。

生境：生于岩石上。

分布：山西、陕西、江苏。

该种为山西省新记录。

小网衣属 *Lecidella*

地衣体壳状，子囊盘贴生，具缢缩的基部，黑色，孢子单孢，无色，椭圆形，无周壁层。分生孢子器埋生。分生孢子梗顶生，丝状。

本属采到 1 种。

优果小网衣

Lecidella euphorea（Flk）Hertel.，in Hawksworth et al.，Lichenologist，12：107，1980.

*Lecidea subuletorum*var. euphorea Flk.，Ged. Nature f. Fr. Berlin Meg.，2：311，1808.

地衣体壳状，灰色至灰橄榄色，多颗粒状，周围有黑色下地衣体。子囊盘众多，散生，直径0.3～1 mm，黑色，无光泽，无粉霜，初平展，有细的壳缘，以后盘凸起，壳缘消失；果壳外部蓝色，内部金黄褐色至紫堇色或微红色；囊层被蓝绿色；囊层基暗褐色；子实层70～110 μm；侧丝放散；孢子卵圆形至近圆形，10～16 μm×6～9 μm。

皮层：K+黄色

产地：白桦家塔，标本号GH06016(谢树莲，李博)，2006-08-11。

生境：生于树皮及朽木上。

分布：陕西、江西、广东、四川、云南、新疆。

网衣科 Lecideaceae

共生藻为球形绿藻。子囊盘网衣型或蜡盘型，无果托；单孢至砖壁形多孢。

本科采到1属。

网衣属 *Lecidea*

地衣体壳状，或者分离至合生的鳞片组成鳞叶状；以下地衣体或下表面髓层菌丝固着于基物上。子囊盘圆盘形，果壳发育良好，呈淡色至黑色；侧丝单一或分支；子囊含8孢；孢子无色。分生孢子杆状，有时呈针状。

本属采到2种。

分种检索表

1. 果壳呈黑色，壳缘宿存，囊层基呈褐色 ························· 网衣 *L. albocoerulescens*
1. 果壳上部呈褐色、下部淡色，壳缘消失，囊层基无色 ··············· 软网衣 *L. mollis*

网衣

Lecidea albocoerulescens(Wulf.) Ach. 吴金陵，中国地衣植物图鉴，87，Pl. 18：8，1987.

地衣体壳状，质稍厚，平滑或有龟裂，不明显，裂隙极细微；上表面呈青白色或灰白色，无光泽，以下表面髓层紧密贴生于基物上。

子囊盘稠密，初期埋生，以后微凸出，贴生于地衣体上，直径 1 ~ 1.5 (~ 2) mm；果壳完整，呈黑色；壳缘黑色，厚而隆起；盘面呈黑色，被白色粉霜，圆形或长圆形；囊层被褐黑色，粉状；囊层基褐色；子囊层I + 蓝色；侧丝单一，黏着；子囊内含 8 孢；孢子无色，卵圆形至长椭圆形，单孢，15 ~ 26 (~ 33) μm × 10 ~ 12 μm。

髓层：K－，P + 砖红色，I + 蓝色。

产地：马仑草原，标本号 GH06003（谢树莲，李博），2006 - 08 - 10；荷叶坪，标本号 GH06035（谢树莲，李博），2006 - 08 - 14；冰口洼，标本号 GH06026（谢树莲，李博），2006 - 08 - 12。

生境：生于光裸的岩石上。

国内分布：山东、江苏、浙江、安徽、福建、江西、四川、云南、台湾。

国外分布：欧洲、亚洲、美洲。

软网衣

Lecidea mollis (Wahlbg) Nyl. 吴金陵，中国地衣植物图鉴，87，Pl. 19: 1, 1987.

地衣体壳状，有龟裂，网纹状；上表面呈灰白色，带有污红色色彩，以下表面髓层菌丝紧密固着于基物上。

子囊盘多数，圆形或因相互挤压变成棱角形，直径 0.5 ~ 1 mm；果壳上部呈褐色，下部为淡色；壳缘初期发育好，但盘突出以后，壳缘即不明显；盘面呈黑色，初扁平，以后凸出；囊层基无色；子囊层 I + 蓝色；侧丝单一，顶端呈褐色；子囊棍棒状，内含 8 孢；孢子无色，长椭圆形，单孢，11 ~ 15 μm × 6.6 ~ 8 μm。

髓层：I + 蓝色。

产地：马仑草原，标本号 GH06007（谢树莲，冯佳），2006 - 08 - 10。

生境：生于硅质岩石上。

国内分布：陕西、山东。

国外分布：欧洲、亚洲。

石蕊科 Cladoniaceae

地衣体通常分为初生体和次生体两种类型：初生地衣体壳状或鳞叶状，宿存或早期消失；次生地衣体由初生地衣体生出，直立，单一或分支，有皮层或无皮层，中空或实心。共生藻为球形绿藻。子囊盘网衣型或蜡盘型，顶生或侧生于长柄上。子囊内含 6 ~ 8 孢；孢子无色，单孢至砖壁形多孢。

本科采到 1 属。

石蕊属 *Cladonia* Hill

初生地衣体壳状至鳞叶状，宿存或早期消失；次生地衣体由初生地衣体生出，直立，单一或分支，共生藻为共球藻。子囊盘蜡盘型，顶生或生于杯边缘上，呈红色或淡色至暗褐色；子囊圆筒状，内含 8 孢；孢子无色，卵圆形。分生孢子器生于初生地衣体鳞叶上或果柄上。

本属采到 3 种。

分种检索表

1. 子囊盘及分生孢子器红色 ………………………………………………………… 2
1. 子囊盘及分生孢子器褐色 …………………………………… 喇叭粉石蕊 *C. chorophaea*
   2. 果柄灰绿色，顶端呈杯状扩大 ………………………………… 粉杯红石蕊 *C. pleurota*
   2. 果柄瘦长，无杯，密被粉芽，UV – ……………………… 瘦柄红石蕊 *C. macilenta*

喇叭粉石蕊

Cladonia chorophaea (Flk.) Spreng. in Linn., Syst. Veg. 16ed. 4: 273, 1827; Thomson, Lich. Gen. Clad. N. Amer. 105, 1967.

Cenomyce chlorophaea Flk. in Sommerf. Suppl. Fl. Lappon. 130, 1826.

初生地衣体鳞叶状，深裂，边缘稍向上翘起，有时被有少量粉芽。果柄由初生地衣体上伸出，较矮小，高 0.5 ~ 2 cm，单一，顶端逐渐扩大成为完全杯，杯缘有裂纹，其上生有再生新果柄或具钩状小刺，呈暗褐色，杯底不穿孔；表面呈淡灰绿色或灰橄榄绿色，果柄中部以上及杯壁内外被有颗粒状粉芽，近基部有皮层，粗糙，有龟裂或瘤状突。子囊盘生于杯缘上，有柄，呈褐色。分生孢子器生于杯缘上，暗褐色。

果柄：K－，KC－，P＋深黄色。

产地：马仑草原，标本号 GH06006（谢树莲，李博），2006－08－10。

生境：生于树基部。

国内分布：内蒙古、黑龙江、吉林、辽宁、陕西、甘肃、西藏、新疆。

国外分布：欧洲、亚洲、非洲、美洲、澳洲。

瘦柄红石蕊

Cladonia macilenta Hoffm., Deutschl. Flora, 126, 1796.

初生鳞片宿存，小至中大，长达 3mm，钝锯齿状，上表面淡蓝绿色至橄榄淡蓝绿色，下表面白色，基部暗色，无粉芽或少见粉芽。果柄通常 10～20 mm，钝顶，呈棍棒状，通常密被微绿色粉状粉芽，仅于基部有甚短的皮层。子囊盘猩红色，直径达 2 mm，顶生，并包埋果柄顶端。分生孢子器位于初生鳞片的表面和边缘。

皮层：K－，KC－或 KC＋黄色（松萝酸存在时），P－。

产地：荷叶坪，标本号 GH06032（谢树莲，冯佳），2006－08－14。

生境：生于朽木上。

国内分布：内蒙古、黑龙江、吉林、陕西、湖南、福建、江西、云南、台湾。

国外分布：欧洲、亚洲、美洲、澳洲、非洲北部。

用途：提取抗菌素的原料。

粉杯红石蕊

Cladonia pleurota (Flk.) Schaer., Enum. Lich. Eur. 186, 1850; Thomson, Lich. Gen. Clad. N. Amer. 68, 1967.

Capitularia pleurota Flk. Ges. Naturt. Freund. Mag. 2: 218, 1808.

初生地衣体鳞叶状，掌状深裂，直径 3 mm 左右，鳞叶常向上翘起，背面淡黄绿色，腹面白色，果柄基部的鳞叶上常被粉芽。果柄由初生地衣体上伸出，圆柱状，高 1～3.5 cm，粗 1～6 mm，单一，向顶端逐渐扩大，呈杯状，直径 0.5 ~ 1 cm，杯缘全缘或细齿状，有时生有小果柄；表面呈灰绿色或淡灰黄色，上部无皮层，在杯的内壁及果柄上部被有颗粒状粉芽，下部被有细瘤状皮层，并带有小鳞叶或无鳞叶。子囊盘生于果柄杯缘上，呈红色。分生孢子器生于果柄杯缘上，疣状，红色，以后变成暗红褐色。

果柄：K－，KC＋黄色，P－。

产地：冰口洼，标本号 GH06023（谢树莲，冯佳），2006－08－12。

生境：生于腐木上。

国内分布：内蒙古、黑龙江、吉林、陕西、广东、贵州、西藏。

国外分布：欧洲、亚洲、北美洲、南美洲、新西兰。

用途：提取抗菌素的原料。

黑瘤衣科 Buelliaceae

地衣体壳状，鳞壳状至鳞叶状；下表面无皮层，以下地衣体或髓层菌丝固着于基物上。共生藻为共球藻。子囊盘网衣型或茶渍型；子囊内含 8 孢；孢子烟灰色至褐色，2 ~ 4 孢，极少为砖壁形多孢。

本科采到 1 属。

黑瘤衣属 *Buellia* Dnotrs

地衣体壳状或鳞壳状。子囊盘网衣型，无果托。

本属采到 1 种。

盘形黑瘤衣石生变种

Buelian disciformis（Fr.）Mudd. var. *saxicola*；吴金陵，中国地衣植物图鉴，27，Pl. 16：2，1987.

地衣体壳状，呈颗粒状硬壳，在基物上扩展生长，有龟裂，并生有细粒状粉芽堆，无下地衣体；上表面呈淡灰色至深灰色，无光泽。

子囊盘贴生于地衣体上表面，近圆形或形状不规则，直径 0.5 ~ 0.8 mm。壳缘厚，宿存，初期向内卷，无粉霜，扁平；囊层被黑褐色，颗粒状；子囊层无色，高约 83 μm；囊层基黑褐色；子囊棍棒状，内含 8 孢；

孢子暗褐色，长椭圆形，双孢，分隔处稍缢锁，15 ~ 19.5 μm × 6.6 ~ 8 μm。

皮层：K -，P + 深黄色；髓层：K -，P -。

产地：冰口洼，标本号 06055(谢树莲)，1985 - 05 - 15。

生境：生于石灰岩上。

国内分布：江苏、浙江。

国外分布：欧洲、亚洲、北美洲、非洲北部。

地图衣科 Rhizocarpaceae

共生藻为绿藻。子囊盘网衣型或蜡盘型，无果托；单孢或砖壁形多孢。

本科采到 1 属。

地图衣属 *Rhizocarpon*

地衣体壳状，无皮层，以下表面髓层菌丝或下地衣体固着于基物上。子囊盘网衣型，埋生或贴生，侧丝分枝，黏着，子囊内含 1 ~ 8 孢；孢子无色至褐色。分生孢子器埋生于地衣体中；分生孢子针状。

本属采到 1 种。

地图衣

Rhizocarpon geographicum(L.) DC. Fink. Contrib. U. S. Nat. Herb. 14: 1, 1910; DC. ApudLam. et DL., Florre Franc. Edit., 2: 305, 1805.

Lichen geographicus L., Sp. Pl. 1140, 1753.

地衣体为颗粒形壳状，有龟裂，网纹状，周缘围有黑色下地衣体；表面呈柠檬黄色或亮黄绿色，无光泽，光滑。

子囊盘稠密，圆形或棱角形，直径 0.5 ~ 1 mm；果壳发育好，暗色；具壳缘，细薄，有时消失；盘面呈黑色，无光泽，扁平或微凸出；囊层被黑褐色，K + 紫红色；囊层基暗褐色；侧丝分枝、黏着；子囊圆筒状，内含 8 孢；孢子暗褐色，椭圆形，为砖壁形多孢，25.2 ~ 30.8 μm × 11.2 ~ 15.4 μm，孢壁厚。分生孢子器埋生于地衣体中；分生孢子针状。

髓层：K－，I＋蓝色。

产地：荷叶坪，标本号 GH06041（谢树莲，李博），2006－08－14。

生境：生于光裸的岩石上。

国内分布：内蒙古、吉林、陕西、四川、云南、新疆、台湾。

国外分布：南极、北极地区，日本、俄罗斯也有分布。

用途：冰川学家利用本种来测算冰川年龄。

黄烛衣科 Candelariaceae

地衣体壳状，叶状至枝状，黄色至红色；子囊盘贴生，蜡盘型至茶渍型。孢子单孢。

本科采到 1 属。

黄烛衣属 *Candelaria* Mass

地衣体小叶状至鳞片状，黄色至黄绿色。以假根紧固于基物上。子囊盘茶渍型。

本属采到 1 种。

黄烛衣

Candelaria concolor（Dicks.）Arn. Flora，62：364，1879；Arn. Flora，67：250，1884；A. Z. Cat. Lich. 6：4，1930.

Lichen concolor Dicks.，Plant. Crypt. Brit. 3：18，1793.

地衣体由小鳞片组成，直径 1.5～2 cm，边缘深裂成细裂片，裂片宽约 0.2 mm；上表面黄色至绿色，具细颗粒状裂芽；下表面具白色皮层及同色假根。子囊盘直径约 0.8 mm。

皮层：K－。

产地：白桦家塔，标本号 GH06018（谢树莲，李博），2006－08－11。

生境：生于树干上。

国内分布：河南、陕西、甘肃、江苏、四川、云南。

国外分布：欧洲、亚洲、美洲。

蜈蚣衣科 Physciaceae

地衣体叶状或近似灌丛状，常以下表面假根固着于基物上。上、下表面均居皮层，有时无下皮层。髓层发育好。共生藻为共球藻。子囊盘茶渍型或网衣型，无果托；囊层基暗色；子囊圆筒状，内含 8 孢；孢子暗褐色，双孢；孢壁厚，很少有 4 孢或者近于砖壁形多孢的。

本科采到 2 属。

分属检索表

1. 子囊盘茶渍型，囊层被 K－ ……………………………………… 蜈蚣衣属 *Physcia*
1. 子囊盘网衣型，囊层被 K＋紫色 ……………………………… 黑盘衣属 *Pyxine*

蜈蚣衣属 *Physcia* Ach

地衣体叶状，常以下表面假根紧密固着于基物上；裂片为重复二叉状分裂，有时边缘上生有缘毛，具背复性；上、下表面皮层均为假薄壁组织。子囊盘茶渍型，无柄或有短柄；盘面呈褐色或暗黑色，被有粉霜或裸露；侧丝顶端稍分枝，顶端增厚呈头状，具分隔；子囊棍棒状，分生孢子器埋生于地衣体上，分生孢子短杆状。

本属采到 3 种。

分种检索表

1. 盘面粗糙 ………………………………………………………… 糙蜈蚣衣 *P. tribacia*
1. 盘面规则 ……………………………………………………………………………… 2
   2. 髓层 K－，不含泽渥萜 ……………………………………… 蜈蚣衣 *P. stellaris*
   2. 髓层 K＋黄色，含泽渥萜 …………………………… 白点蜈蚣衣 *P. aipolia*

糙蜈蚣衣

Physcia tribacia(Ach.) Ny1. , Flora, 307, 1874.

Lecanora tribacia Ach. , lich Univ. , 415, 1810.

地衣体小莲座状，有时与别的地衣体合生，裂片短阔，周边紧贴，趋向中部的上翘并瓦覆，不规则分裂，边缘锯齿状，顶端扇形，边缘生颗粒状粉芽，粉芽不形成唇形的粉芽堆，在老的地衣体中，部分粉芽会合。上表面淡灰色，被粉霜，无缘毛；下表面淡色具少些的同色假根。上、下皮层均为假薄壁组织。未见子囊盘。

皮层：K+黄色。

产地：白桦家塔，标本号 GH06017（谢树莲，李博），2006-08-11。

生境：生于树皮上。

国内分布：北京、江苏、陕西。

国外分布：欧洲、亚洲。

蜈蚣衣

Physcia stellaris（L.）Nyl.，Act. Soc Linn. Bordeaux 21：307，1856. =*Lichen stellaris* L.，Sp. Pl. 1144，1753.

地衣近圆形莲座状，裂片较窄，约 2 mm，离散至相叠，全缘或有缺刻；上表面微白色到灰色，无光泽，偶有白色斑点，中部暗灰色，皱褶很多，或具小疣状突起，无粉芽和裂芽；髓层白色；下表面微白色，假根同色；上皮层假薄壁组织，下皮层为纤维状菌丝组织。子囊盘密集中于中部，直径 1~2 mm，盘面黑褐色到黑色，白霜。

皮层：K+黄色；髓层：K-。

产地：冰口洼，标本号 GH09033（谢树莲，李博），2009-08-10。

生境：树生。

分布：上海、吉林、河北、山西、山东、江苏、湖北、湖南、安徽、宁夏。

白点蜈蚣衣

Physcia aipolia（Humb.）Fürn.，Naturh. Topogr. Regensburg，2：249，1839. =*Parmelia aipolia* Ach.，Method. Lich. 209，1803.

地衣体淡灰白色，近圆莲座状，直径 2~4 cm，裂片窄，约 2 mm，表面具白斑；下表面淡褐色至淡白色，假根与下表面同色。上皮层假薄壁组织，下皮层为假厚壁菌丝组织。子囊盘，盘面黑色。

皮层：K+黄色；髓层：K+红色。

产地：菜地圪洞，标本号 GH09034（谢树莲，李博），2009-08-11。

生境：树生。

分布：北京、黑龙江、河北、山西、陕西、江苏、湖南、广西、青海、四川、新疆。

该种为山西省新记录。

黑盘衣属 *Pyxine* Fr.

地衣体叶状，以下表面假根紧密地固着于基物上；上皮层由假薄壁组织组成；下皮层颜色暗，由几乎平行于地衣体表面的黏菌丝组成。髓层较厚，为无色，有时其中沉淀有橙黄色色素或红色色素。子囊盘网衣型，无果托；子囊圆筒状，内含8孢。

本属采到1种。

光面黑盘衣

Pyxine berteriana (Fèe) Imshaug, Trans. Amer. Microsc. Soc. 76(3): 254, 1957.

Circinaria berteriana Fèe, Essai Crypt. Ecorc. Off. 128, flg. 3, 1824.

地衣体叶状，裂片边缘往往浅裂为圆形小裂片，上表面近白色、灰白色，边缘浅灰色至灰褐色，无粉芽与裂芽，表面光滑而近边缘处局部呈波浪状起伏，基本无粉霜，只边缘地带局部覆有厚层白色粉霜，粉霜为透明的颗粒状晶体，粉霜层边界明显而整齐；髓层黄色至黄褐色；下表面黑色，密生黑色粗壮假根，假根直达边缘，地衣体借助于假根紧固于基物表面。

子囊盘黑色，网衣型，直径可达1.5 mm。幼小时盘面平坦，具微弱的果托边缘，类似于茶渍型子囊盘，随后果托边缘消失，果壳型边缘明显，老熟的盘面凸起呈半球形，此时果壳型边缘也随之消失；囊层被黑色，K+紫色，厚8.32~12.48 μm；子囊层淡褐色，厚62.4~63.4 μm；囊层基黑褐色，厚52.0~62.4 μm；子囊内含8孢；孢子长椭圆形，大部分为对极式(即哑铃型)双孢，部分为普通双孢，个别孢子为多级哑铃型4孢，14.56~20.80 μm×6.24~8.32 μm。

皮层：K-，P-；髓层：K-，P-。

产地：马仑草原，标本号GH06005(谢树莲，李博)，2006-08-10。

生境：生于岩面苔藓层上。

国内分布：吉林、山西、江苏、浙江、江西、四川、云南、台湾。

国外分布：日本。

树花衣科 Ramalmaceae

地衣体枝状悬垂或直立；内部一般呈放射结构，很少背腹性；常以稀少的假根固着在基物上。共生藻为共球藻。子囊盘茶渍型，有发达的果托。子囊内含 1 ~ 8 孢。

本科采到 1 属。

树花属 *Ramalina*

地衣体枝状，背腹性或放射性结构；常为二叉状分枝。子囊盘茶渍型，子囊内含 8 孢。分生孢子器埋生于地衣体上。

本属采到 1 种。

中国树花

Ramalina sinensis Jatta, Nuov. Giorn. Botan. Ital. nov. ser. 60: 462, 1902.

地衣体扇形叶状或呈扁平地灌丛状，质硬，直立，高 2 ~ 4 cm，常单一，边缘浅波状，以基部固着于基物上；地衣体具背腹性，背面呈淡灰绿色或灰黄绿色，稍具光泽，有明显的网状或纵向皱褶，有时破裂成小穿孔；腹面呈淡黄色，带有淡玫瑰色色彩，生有明显的隆状脉纹，由裂片基部向顶端呈放射状伸展，脉纹之间由于皮层破裂所致使髓层裸出，形似粉芽。

地衣体皮层分内外两层：外皮层厚约 16. 2 μm，内皮层厚约 40. 2 μm，具有支持作用；藻层厚约 27 μm；髓层白色，绒絮状，厚约 81 μm。

子囊盘常见，较多，生于裂片顶端或背面，盘幼小时呈杯状，以后呈圆盘状，直径 1 ~ 7 mm；果托有网状皱褶，黄褐色；托缘全缘，向内卷；盘面常与地衣体同色，初期凹陷，以后扁平或突出；侧丝单一，顶端增厚呈头状；子囊棍棒状，内含 8 孢；孢子无色，椭圆形，稍弯曲，双孢，

13.4～16.8 μm×5.6～6.2 μm。

皮层：K－；髓层：K－，C－，KC－，P－。

产地：冰口洼，标本号 GH06020（谢树莲，李博），2006－08－12；秋千沟大梁，标本号 GH06009（谢树莲，李博），2006－08－10。

生境：生于树枝上。

国内分布：黑龙江、吉林、辽宁、山西、陕西、甘肃、四川、云南、西藏、台湾。

国外分布：北半球广泛分布。

用途：提取抗菌素的原料。

胶衣科 Collemataceae

地衣体壳状，叶状或枝状，同层型；湿润时呈胶冻状；皮层有假薄壁组织或无皮层；有假根或无。共生藻为蓝藻。子囊盘茶渍型或蜡盘型，子囊内含8孢；孢子无色。

本科采到2属。

分属检索表

1. 地衣体无皮层 ………………………………………………… 胶衣属 *Collema*
1. 地衣体有皮层 ……………………………………………… 猫耳衣属 *Leptogium*

胶衣属 *Collema* Wigg.

地衣体叶状或近壳状，同层型；呈橄榄绿褐色或黑色；上、下表面无皮层，以假根或菌丝愈合的固着于基物上。共生藻为念珠藻。子囊盘茶渍型，埋生或贴生；子囊内含8孢。分生孢子侧生，平直。

本属采到1种。

束胞胶衣

Collema fasciculare（L.）Web. 吴金陵，中国地衣植物图鉴，53，Pl. 10：1，1987.

地衣体叶状，不规则扩展，小型，直径约2 cm；裂片浅裂，先端钝圆，边缘波状；上表面呈深橄榄色至墨绿色，湿润后色变浅，无光泽，生有皱褶；下表面淡墨绿色，带有与上表面相对应的皱褶，并生有假根。

子囊盘贴生于地衣体上表面，圆盘状；果托较厚，全缘；盘面呈红褐色，扁平或微凹陷；侧丝分枝，松散；子囊棍棒状，内含8孢；孢子无色，长针形，平行多孢，两端锐尖，呈蠕虫状，33.6 ~ 36.4（ ~ 42） μm × 5.6 μm。

皮层：K + 黄色，P – 。

产地：秋千沟大梁，标本号 GH06010（谢树莲，李博），2006 – 08 – 10；马仑草原，标本号 GH06011（谢树莲，李博），2006 – 08 – 10。

生境：生于阔叶树的树干上。

国内分布：黑龙江、陕西。

国外分布：欧洲、亚洲、非洲北部。

猫耳衣属 *Leptogium*

地衣体叶状，很少壳状或枝状；同层型；上、下表面有皮层或仅一面有。共生藻为念珠藻。子囊盘茶渍型，生于表面或边缘上，贴生或埋生；果壳为假薄壁组织，囊层由交织的菌丝或假薄壁组织组成；子囊棍棒状。

本属采到1种。

土星猫耳衣

Leptogium saturninum（Dick.） Nyl.，Act. Soc. Linn. Bordeaux，21：272，1856.

Lichen saturnium Dickson，Fase. Pl. Crypt. Brit.，2：21，1790.

地衣体中型叶状，直径8 cm，裂片阔圆，阔5 ~ 8 mm；上表面平展，边缘略波状起伏，紫褐色，密生同色至暗褐色粒状裂芽；下表面密生污白色茸毛，茸毛长0.5 mm，边缘具较狭窄的无茸毛的裸露带，宽约1 mm，并微内卷。子囊盘未见。

果柄：K – ，KC – ，P + 深黄色。

产地：秋千沟大梁，标本号85020（谢树莲），1985 – 06 – 10。

生境：生于树皮上。

国内分布：内蒙古、湖北、安徽、浙江、西藏、新疆。

国外分布：欧洲、亚洲、北美洲，格陵兰及新西兰。

瓦衣科 Coccocarpiaceae

地衣体叶状或丝状；以假根固着于基物上。共生藻为丝状蓝藻。子囊盘蜡盘型。

本科采到1属。

瓦衣属 *Coccocarpia* Pers.

地衣体叶状或丝状；以假根固着于基物上。共生藻为伪枝藻，子囊盘蜡盘型。

本属采到1种。

鳞芽瓦衣

Coccocarpia fenicis(Tuck.) Vain., Annal. Acad. Sc. Fennic., Ser. A. 51 (7): 103, 1915.

Parmelia fenicis Tuck., Procced Americ. Arad. Arts and Siene. 1: 228, 1848; Synops. Lich, 36, 1848.

地衣体与粗瓦衣(*Coccocarpia cronia*)外形较相似，但本种裂芽为扁平的鳞叶状，而后者裂芽呈杆状或颗粒状。

皮层：K-，P+深黄色。

产地：岔上村下，标本号GH06001(谢树莲，李博)，2006-08-09。

生境：生于岩面苔藓层上。

国内分布：江西。

国外分布：日本、菲律宾。

假网衣科 Porpidiaceae

地衣体壳状，子囊盘无柄或埋生，盘面灰黑色到黑色，网衣型偶有茶渍型；子囊具微弱淀粉质的圆顶。子囊孢子单孢，无色，有周壁层。

该科为山西省新记录。

假网衣属 *Porpidia* Köerb

Körb, Systema lichenum Germaniae: 221, 1855.

地衣体壳状，石生为白色、灰色、橙色，连续龟裂；下地衣体淡橙色或黑色，偶具粉芽。子囊分散或密集，半被果型。子囊盘埋生，暗褐色至黑色，囊层被橙色或蓝色；囊层基无色，果壳黑色炭化，孢子无色，单孢。

该属为山西省新记录。

壳假网衣

Porpidia crustulata(Ach.) Hertel & Knoph, Beihefte zur Nova Hedwigia, 79: 435, 1984.

地衣体壳状，石生或露出，最大直径 8 cm，厚度薄，连续；上表面白色，黄白色，灰绿色或浅灰色，偶橙色，粗糙；皮层透明或偶尔镶有橙色晶体，厚 10 ~ 35 μm，无定型层；髓层白色，菌丝直径 3.5 ~ 4 μm；藻层厚 60 ~ 65 μm；藻细胞大小为 9 ~ 14 μm。子囊盘圆形，偶丛生，无柄，直径 0.3 ~ 1.5 mm；子囊盘黑色，平面凸，黑色或偶尔锈红色，通常全缘；囊盘被橙色或蓝色，宽 60 ~ 100 μm，长 80 ~ 120 μm。子实层无色，透明，深褐色或棕橄榄色，60 ~ 120 μm；侧丝宽 1.2 ~ 1.8 μm，长 2 ~ 3.5 μm，顶部；囊层基浅棕色至黑褐色，厚 150 ~ 270 μm；子囊棍棒状，55 ~ 80 μm × 10 ~ 20 μm，孢子 8 孢，子囊孢子透明，椭圆形，10 ~ 22 μm × 5 ~ 9.5 μm，具孔环；分生孢子透明，杆状。

皮层：K－，C－；髓层：P－。

产地：荷叶坪，标本号 GH09003(谢树莲，李博)，2006－08－08。

生境：生于硅质岩上。

分布：世界广泛分布。

该种为山西省新记录。

梅衣科 Parmeliaceae

地衣体鳞叶状，叶状至枝状。具背腹性结构，共生藻为共球藻。子囊盘茶渍型。内含 8 孢，分生孢子侧生或顶生。

本科采到 4 属。

分属检索表

1\. 地衣体上表面宽 …………………………………………………… 梅衣属 *Parmelia*

1\. 地衣体上表面窄 …………………………………………………………… 2

2\. 地衣体上表面褐色 ………………………………………… 褐梅属 *Melanelia*

2\. 地衣体上表面非褐色 …………………………………………………… 3

3\. 上表面有网状白斑 ………………………………………… 网裂梅属 *Rimelia*

3\. 上表面无白斑 ………………………………………… 点黄梅属 *Flavopunctelia*

梅衣属 *Parmelia* Ach.

地衣体叶状，上表面常具粉芽或裂芽，有时带有假杯点。子囊盘圆盘状，子囊内含2～8孢，孢子无色。分生孢子器埋生于地衣体中。

本属采到4种。

分种检索表

1\. 髓层至少局部淡黄色………………………………………… 黄果梅衣 *P. irrugans*

1\. 髓层白色 …………………………………………………………… 2

2\. 地衣体下表面假根不达边缘，边缘具一定宽度的无假根裸露带 ……………………………………………………………… 梅衣 *P. tinctorum*

2\. 地衣体下表面假根直达裂片边缘 ………………………………………… 3

3\. 有裂芽或粉芽 ………………………………………… 莠梅衣 *P. ruderata*

3\. 无裂芽或粉芽………………………………………… 石梅衣 *P. saxatilis*

梅衣

Parmelia tinctorum Despr. Apud Nyl. in Flora LV, 547, 1872; Hue, in Nouv. Archiv. Du Museum, Ser. 4, I, 200, 1899; A. ZahIbr. Cat. Lich. Univ. Ⅵ, 268, 1929; in Hand. Mass. Symb. Sin. Ⅲ, 190, 1930; Asahina, Lich. Jap. Ⅱ, 127, Pl. ⅪⅩ, Fig. 1, 1952.

地衣体大型叶状，裂片宽大钝圆，质地较软；上表面灰绿色至灰色，散布小瘤状至小棒状裂芽；下表面黑色，中央具黑色假根，边缘褐色而裸露。子囊盘未见。

皮层：K+黄色；髓层：K－，C+红色，KC+红色。

产地：冰口洼，标本号 GH06027（谢树莲，李博），2006－08－12。

生境：生于岩石上。

分布：辽宁、山西、陕西、山东、河南、浙江、安徽、福建、广西、贵州、云南、西藏、台湾。

用途：石蕊试剂的原料；药用。

荞梅衣

Parmelia ruderata Vain.，in Botan. Magaz. Tokyo，XXXV，47，1921；A. Zahlbr.，Cat. Lich. Univ. VI，198，1929；Asahina. Lich. Jap.，89，Pl. X，Fig. 3，1952.

地衣体叶状，近圆形或不规则扩展，直径 5～7 cm 或超过；裂片重复二叉状分裂，宽 2～5 mm，裂片相互紧密连接或重叠，裂腋间弯入呈长圆形，裂片先端缺裂或微齿状，有时向上翘起；上表面呈淡灰黄色或黄褐色，无光泽，散生许多白点的假杯点，并生有稠密的颗粒状或珊瑚状裂芽，位于地衣体中央附近的裂芽往往密集丛生；下表面呈灰褐色或淡褐色，密生淡褐色假根，直达边缘。髓层呈白色。

子囊盘圆盘状，直径 1～2 mm，无柄；果托粗糙，带有裂芽；托缘全缘，稍向内卷；盘面呈褐色，扁平；子囊圆筒状，内含 8 孢；孢子无色，椭圆形，单孢，8～9.8 μm×4～5.5 μm。

皮层：K－；髓层：K－，C＋红色，P－。

产地：秋千沟大梁，标本号 GH06013（谢树莲，李博），2006－08－10。

生境：生于岩石上。

分布：河北、浙江。

石梅衣

Parmelia saxatilis（L.）Ach.，Method. Lich. 204，1803；A. Z. Cat. Lich.，6：198，1930.

Lichen saxatilis L. Sp. Pl. 2：1142，1753.

地衣体叶状，边缘深裂，裂片末端截形或尖锐；上表面灰绿色至灰褐色，裂片边缘具网状白色假杯点，裂芽颗粒状至圆柱状；下表面黑色，假根单一，不分枝，直达裂片边缘。

皮层：K+黄色；髓层：K+黄色(进而变为血红色)，C-，P+深黄色。

产地：冰口洼，标本号 GH06024(谢树莲，李博)，2006-08-12。

生境：生于岩面表土层上。

国内分布：内蒙古、黑龙江、吉林、陕西、甘肃、浙江、云南、西藏、台湾。

国外分布：欧洲、亚洲、美洲、澳洲、非洲。

用途：石蕊试剂的原料。

黄果梅衣

Parmelia irrugans(Nyl.) Hale, A. Monogr. Lich. Gen. *Parmelia* Hale, 34, 1976; Nyl., Lich. Jap., 26, 1890.

P. xanthocarpa Hue, Nouv. Arch. du Mus. Paris, 3, 1: 178, 1899.

地衣体类似于厚叶梅衣(*Parmelia crassata*)，但叶状体较薄，在 120~200 μm 之间；髓层无褐色带。子囊盘直径可达 4.5 mm。

皮层：K+黄色；髓层：K+红色。

产地：冰口洼，标本号 GH06021(谢树莲，李博)，2006-08-12。

生境：生于树干上。

分布：吉林、陕西、安徽、浙江、云南、西藏。该种为我国特有种。

网裂梅属 *Rimelia*(Essl.) Hale & Fletcher

地衣体叶状，石生，松散的贴生于基物上；地衣体上表面淡灰色至黑灰色，白斑，白斑有裂隙，偶无外皮层；裂片边缘上有粉芽；髓层白色，厚而硬；下表面中央为黑色，边缘多为褐色，一般或浓密的假根直达边缘或边缘裸露处具假根状小突起，假根单一到不规则羽状分叉。裂片平，边缘常具小裂片，宽 2~11 mm；裂片边缘生有一般至浓密的缘毛，不分叉，黑色。

子囊盘短柄，盘面穿孔，边缘无缘毛，孢子大小为 6~10 μm×10~18 μm。分生孢子器陷生，分生孢子纺锤形至圆柱形，长 9~16 μm。

该属为山西省新记录。

黑腹网裂梅

Rimelia reticulata (Tayl.) Hale & Fletcher, the Bryologist 93(1): 28 (1990). = *Parmelia reticulata* Taylor in Mack., F1. Hibern. 148, 1836.

地衣体叶状，石生，直径5~10 cm，灰色。缘毛稠密，长约2 mm；有球状或枕状粉芽堆，着生于裂片边缘齿状小裂片上；裂片稍不规则形，宽少于5 mm，边缘有形状不规则小裂片；裂片上表面具花纹；下表面呈黑色，假根光滑或松散地附着在基物上，稠密，周缘褐色，有假根状突起。

皮层：K+黄色；髓层：K+红色，P+砖红色，C-，KC-。

产地：岔上村下，标本号GH09043(谢树莲，李博)，2009-08-09.

生境：生于岩石上。

分布：吉林、山西、陕西、湖北、安徽、浙江、湖南、福建、江西、广西、海南、四川、贵州、云南、西藏、新疆。

该种为山西省新记录。

褐梅属 *Melanelia* Essl.

地衣体叶状，多为树生。具裂片偶隆起或扁平，边缘偶微翘。地衣体上表面褐色，下表面褐色至黑色，有假根。

该属为山西省新记录。

胡氏褐梅

Melanelia huei (Asahina) Essl., Mycotaxon 7(1): 48, 1970. = *Parmelia huei* Asahina, Journ. Jap. Bot. 26: 194, 1951.

地衣体呈不规则叶状，裂片宽2~5 mm，相互间重叠或紧密相连，顶端圆或具参差不齐的缺刻；地衣体上表面淡绿色至黑褐色，具大小不一的皱褶，偶具小裂片，缺少珊瑚芽或粉芽；髓层白色；地衣体下表面褐色至深黑色，同色假根紧密附着于基物上。偶见子囊盘，直径1~3 mm；盘托具暗白色小突起，托缘完整，微微内卷。

髓层：K-，P-，C+黄色(进而变为红色)。

产地：白桦家塔，标本号GH09046(谢树莲，李博)，2009-08-12。

生境：树生。

分布：内蒙古、辽宁、河北、山西、湖北、安徽、浙江。

该种为山西省新记录。

点黄梅属 *Flavopunctelia*(Krog) Hale

地衣体叶状，上表面淡绿色，具假杯点，有裂芽或粉芽，或均没有，子囊盘着生其上；下表面棕褐色至深黑色，边缘具淡光泽。

该属为山西省新记录。

卷叶点黄梅

Flavopunctelia soredica(Nyl.) Hale Jr, Mycotaxon 20(2): 682, 1984. = *Parmelia manshurica* Asahina, Journ. Jap. Bot. 17: 75, 1941.

地衣体叶状，圆形。上表面淡绿色，具假杯点，粉芽堆位于裂片边缘；下表面淡棕褐色至暗褐色，假根暗色且短，边缘具淡光泽。

皮层：K+黄色；髓层：K-，C+黄色(进而变为红色)。

产地：白桦家塔，标本号 GH09013(谢树莲，李博)，2006-08-09。

生境：树生。

分布：内蒙古、黑龙江、吉林、河北、山西、贵州、西藏。

该种为山西省新记录。

石耳科 Umbilicariaceae

地衣体单叶状或复叶状，常革质，以下表面中央脐固着于基物上。子囊盘网衣型，无柄或短柄，呈黑色；子囊内含 1~8 孢；孢子无色。

本科采到 1 属。

石耳属 *Umbilicaria* Hoffm

地衣体单叶状或复叶状，常革质，以下表面中央脐固着于基物上。子囊盘网衣型，无柄或短柄，呈黑色；子囊内含 1~8 孢；孢子无色。

本属采到 1 种。

灰石耳

Umbillicaria cinerascens(Arn.) Frey. 吴金陵，中国地衣植物图鉴，117，

Pl. 25：4，1987.

Gyrophora cinerascens Arn.

地衣体复叶状或单叶状，不规则圆形，革质，直径1～3 mm，中央较厚，常生有翘起的小裂片；裂片边缘薄，成撕裂状，有时带有小穿孔；上表面呈深灰褐色，向中央被有灰色斑块状粉霜层，周缘暗黑色，无光泽或稍具光泽；下表面中央脐附近呈烟黑色，向边缘变成灰褐色，无假根，有皱褶和小疣状突起。

皮层：K－，P＋深黄色。

产地：白桦家塔，标本号GH06015(谢树莲，冯佳)，2006－08－11。

生境：生于高山的岩石上。

国内分布：陕西、新疆。

国外分布：欧洲山地。

肺衣科 Lobariaceae

地衣体叶状，中型至大型；共生藻为蓝藻或绿藻；含有绿藻的种在其他地衣体上常生有含蓝藻的衣瘿。子囊盘茶渍型，通常具短柄。

本科采到1属。

假杯点衣属 *Pseudocyphellaria* Vain.

地衣体叶状，中型至大型。上、下表面均有假杯点。子囊盘茶渍型。

本属采到1种。

黄假杯点衣

Pseudocyphellaria aurata(Ach.) Vain., Etud. Lich., 1：183，1890.

Sticta aurata Ach., Method. Lich., 277，1803.

地衣体叶状，近圆形，直径达10 cm；裂片深裂，宽约1 cm，先端钝圆，边缘波状，生有许多黄色粉芽堆；上表面新鲜时呈鲜绿色，干燥后呈黄褐色，长久保存的标本变成红褐色，无光泽，平滑；下表面密被淡褐色至深褐色茸毛，其间散生有黄色假杯点，髓层呈黄色。共生藻为绿藻。

子囊盘少见。据资料记载：子囊盘贴生于地衣体边缘附近，杯状，直径约4 mm；果托与地衣体同色；椭圆厚，后期生有黄色粉芽；盘面呈黑色；子囊内含8孢；孢子淡褐色，纺锤形，4孢，23～27 μm×6.6 μm。

皮层：K+黄色，P-。

产地：荷叶坪，标本号GH06038（谢树莲，李博），2006-08-14；五寨渡家村，标本号GH06043（谢树莲，李博），2006-09-27。

生境：生于树皮上。

国内分布：黑龙江、吉林、浙江、福建、台湾。

国外分布：热带地区广泛分布。

不完全地衣类 Lichen Imperfecti

尚未发现有性生殖的子实体，暂不能安排其所属地位的一类地衣。

本类采到3属。

地茶属 *Thamnolia* Ach

地衣体枝状，直立，常稠密的从生。共生藻为球形绿藻。

本属采到1种。

地茶

Thamnolia vermicularis (Sw.) Ach. ex Schaer., Enum. Crit. Lich. Europ., 243, 1850; W. L. Culberson, Brittonia, 15: 141, 1963.

Lichen vermicularis Sw., Method. Muscor., 37, 1781.

地衣体中空，圆筒形，顶端渐尖细，生活状态下乳白色，在标本室久置后变土红色，UV-。

皮层：K+深黄色，P+红色。

产地：菜地圪洞，标本号GH06034（谢树莲，冯佳），2006-08-14。

生境：生于草丛中。

国内分布：内蒙古、黑龙江、吉林、陕西、湖北、安徽、四川、云南、西藏、新疆。

国外分布：北半球广泛分布，南半球也有分布。

用途：药用，安神定惊药类。

癞屑衣属 *Lepraria* Ach.

地衣体粉末状或麸屑状，在基物上常形成不定型的粉屑层，有的种类外形近似鳞叶状；具粉芽。不形成子实体。

本属采到 2 种。

分种检索表

1. 地衣体呈蓝绿色常生于树上 ······································ 蓝绿癞屑衣 *L. aeruginosa*
1. 地衣体淡灰色或污白色 ·· 灰白癞屑衣 *L. incana*

蓝绿痢屑衣

Lepraria aeruginosa(Wigg.) Sm. 吴金陵，中国地衣植物图鉴，209，Pl. 44：5，1987.

地衣体麸屑状，呈乳蓝色，带有绿色色彩；具粉芽，密集且厚实，在基物上形成不定型的细粉粒状层，扩展生长。无子实体。

皮层：K+黄色，P-。

产地：秋千沟大梁，标本号 GH06008(谢树莲，李博)，2006-08-10。

生境：生于树皮上。

国内分布：陕西、江西、四川。

国外分布：欧洲。

灰白痢屑衣

Lenraria incana (L.) Ach., Meth. Lich., 4, 1803.

Byssus incana L., Sp. Pl., 2: 1169, 1753.

地衣体白色、绿灰色或青灰色，形成略厚、不平坦的壳，不具垫状边缘裂片，无明显的边缘界限。

皮层：K-，P-。

产地：马家庄林场，标本号 GH06014(谢树莲，李博)，2006-08-11；岔上村下，标本号 GH06002(谢树莲，李博)，2006-08-09。

生境：生于树干上。

国内分布：陕西、甘肃、江西。

国外分布：欧洲、亚洲。

小皿叶属 *Normandina* Nyl.

地衣体小鳞片状，无粉霜处露出淡褐色。下表面菌丝不形成明显的假组织，但又不呈蓬松而杂乱的菌丝丛，藻层密集于上皮层之下，并不同程度地伸向髓层，使髓层与藻层之间界限不清。

本属采到1种。

小皿叶

Normandina pulchella(Borr.) Nyl., Annal. Sc. Nat. Bot. 4, 15: 382, 1861; A. Z. Cat. Lich., 1: 1198, 1922; et in A. Engler, Die Natürlich. Pflanzenfamilien, Bd. 8, 71, 1926.

Verrucaria pulchella Borr. in Hook. Et Sowerb. Suppl. Engl. Bot. 1, 1831.

地衣体小鳞片状，圆形，直径0.5~1 mm，上表面覆以厚层白色粉霜，因而呈现灰白色，无粉霜处露出淡褐色，中央平坦而周围具凸起的垄状边缘，成微型茶盘或玻皿状，往往具颗粒状粉芽；下表面淡褐色，以中央处贴生于基物上。衣体厚度为86~120.40 μm。

上皮层为发育不良的假薄壁组织，由小型椭圆形细胞(3.12~4.16 μm ×4.16~5.20 μm)组成的单层细胞皮层结构的厚度为3.12~4.16μm；下表面菌丝不形成明显的假组织，但又不呈蓬松而杂乱的菌丝丛，藻层密集于上皮层之下，并不同程度地伸向髓层，使髓层与藻层之间界限不清。

皮层：K-，P-。

产地：冰口洼，标本号GH06025(谢树莲，李博)，2006-08-12。

生境：生于树皮上，与苔藓植物混生。

国内分布：陕西、江苏、广东等。

国外分布：该种为世界广生种，欧洲、亚洲、北美洲和南美洲都有报道。

3.3 管涔山地区地衣组成特点分析

本地区地衣的优势科[116-122]为网衣科、蜈蚣衣科、茶渍科、石蕊科和梅衣科。所鉴定出来的地衣属数约占全国已报道的22.8%，种数约占全国已报道的4.6%，地衣属数所占全国的比例远大于种数所占全国的比例，这主要是由于壳状地衣标本的难以鉴定和该地区所发现的大多数属往往只包含1~2种，因此总体上降低了该地区地衣种数所占的比例。

树生地衣群落在本地区占有绝对优势。管涔山地区水资源丰富，森林覆盖率约40%，由此形成的小环境为树生地衣的生长提供了适宜的湿度、温度等条件。本区缺乏特有种。

3.4 管涔山地区地衣应用潜力

管涔山地区地衣资源丰富，石蕊科等优势科是天然理想的化工原料。地衣中广泛分布的地衣酚是测定戊糖和RNA的重要试剂。因此加强该地区的地衣资源的利用，促进以地衣为主的第三产业发展，是提高当地人民生活水平的一个重要措施。

3.5 管涔山地区地衣保护对策

中国地衣物种多样性的调查研究才刚刚起步。由于受到森林的砍伐和环境的污染，国内大部分地方的地衣多样性面临着威胁。我们应该增强对管涔山地区地衣物种多样性的调查，采集、分离共生菌藻，研究可持续利用的策略和方法。除了加强对管涔山地区生态多样性和地衣多样性的保护，还应加强以下保护措施：

(1)对可用于化工、药用和食用地衣资源应合理地采收和利用。

(2)在科学和日常应用上有重要意义的珍稀地衣，应建立小型的地衣保护区，加以保护。

(3)加强菌藻的分离培养和保存研究，是地衣多样性和可持续发展的重要措施。

(4)应用发酵技术，获取地衣中对人类有用的物质。

第四章　管涔山地区地衣区系研究

4.1　管涔山地区地衣群落类型

地衣的生境及其基物是多种多样的[24-33]。该区内生境在水平方向上表现为不规则的林地和石地间隔分布的景观，地衣群落也相应地表现为树生与石生地衣群落镶嵌排列，土生地衣群落在两者之间均有分布。另外，由于汾河源头地处温带，苔藓植物可以生长在土层上，也可以生长在树木上，因此，在本研究中，苔藓也被作为一个特殊的地衣基物，对其进行了分析。因此，本区内的地衣生境被分为5种类型。

4.1.1　树皮、树枝生地衣群落

该群落的地衣物种在管涔山林区地衣种类中占的比例较大，它们主要分布在以云杉、华北落叶松为主树种所组成的针叶林和针阔混交林的树皮和树枝上，这是因为这种森林所形成的小环境为树皮与树枝生地衣提供了合适的温度、湿度等良好的生长条件。我们在白桦家塔到荷叶坪采集地段上的调查中发现，树皮、树枝生地衣群落占绝对优势，其中树花属(*Ramalina*)为优势属，主要生长在落叶松树干上，在该类群落分布的地衣物种还有束胞胶衣(*Collema fasciculare*)、喇叭粉石蕊(*Cladonia chorophaea*)、黄果梅衣(*Parmelia irrugans*)、黄烛衣(*Candelaria concolor*)、侧点网衣(*Lecidea parasema*)、蓝绿痂屑衣(*Lepraria aeruginosa*)、灰白痂屑衣(*L. incana*)、黄假杯点衣(*Pseudocyphellaria aurata*)、黑茶渍(*Lecanora atra*)、亚暗褐茶渍(*L. subfuscata*)、白赤星衣(*Haematomma puniceum*)、小皿叶(*Normandina pulchella*)等。

4.1.2 藓丛生地衣群落

在管涔山地区分布的藓丛生地衣种类的数量也多出现于不同海拔高度的岩石薄土、林地土壤和腐木上。由于藓丛发育的环境条件不同，它们被分为林地或林下藓丛和石面藓丛环境等。石面藓丛环境出现于林缘、林间空地。这种环境的土层薄、温度高、光度较强，因此限制了地衣的分布，种类较少。该类群落的地衣种类有石梅衣(*Parmelia saxatilis*)、鳞芽瓦衣(*Coccocarpia fenicis*)、粉点地卷(*Peltigera erumpens*)、黄髓黑盘衣(*Pyxine endochrysina*)等。

4.1.3 石生地衣群落

石生地衣群落主要分布在海拔 1 600 ~ 2 800 m 内的丘陵、山地、岩石等环境中。这些环境特征是石面裸露，没有土壤，光照强，温度变化大，十分干燥。因此，该环境中生长的地衣形态、生理、生长发育等特征也具有抗旱、抗紫外线特点。该群落的地衣种类有石梅衣、梅衣(*Parmelia tinctorum*)、莠梅衣(*P. ruderata*)、皮果衣(*Dermatocarpon miniatum*)、网衣(*Lecidea albocoerulescens*)、软网衣(*L. mollis*)、地图衣(*Rhizocarpon geographicum*)、绵散盘衣(*Solorina spongiosa*)、灰石耳(*Umbilicaria cinerascens*)、黑茶渍、石黄茶渍(*Candelariella medians*)、墙上瓶口衣(*Verrucaria muralis*)等。

4.1.4 朽木生地衣群落

该环境中有足够的水分、氧气，酸性也明显高，是喜酸性地衣的生长地。另外，在森林环境中，光度较弱，空气相对湿度高，这为朽木生地衣提供了良好的生长条件。管涔山林区地衣的多度和树木的腐烂程度有密切关系。腐烂程度越高，为地衣提供的营养物也就越多。该类群落的地衣物种有粉杯红石蕊(*Cladonia pleurota*)和喇叭粉石蕊。

4.1.5 草地生地衣群落

草地生地衣指生长在亚高山草甸带上的种类，它们在地面与草甸植物混生并形成连片的植物覆盖层，其生境空气寒冷、干燥、降水量较高、土层薄，因此地衣种类较少，但耐旱、耐寒的地衣种类仍然得到良好的发育。该类群落的地衣物种主要是地茶(*Thamnolia vermicularis*)。

4.2 管涔山地区地衣地理成分分析

植物分布区是指任何植物分类单位如种、属或科的分布区域，即它们分布于一定空间的总和。它是物种的发生历史对环境的长期适应，以及许多自然因素对它们影响的结果。高等植物的地理成分分析基本是以属的分布区为主，而对于地衣而言，又有其特殊性。地衣的生长与高等植物相似，其受到基物特性的制约，并且在分布上也受温度、湿度等气候条件的影响，但在分布区的大小上通常比高等植物要大。例如，地衣种的分布区在大小方向上往往与高等植物属，甚至是科的分布区类似，而大部分的地衣属是全球广泛分布的，因此分析地衣属的地理成分没有太大的意义。造成这种现象的原因可能与地衣以营养性繁殖为主的繁殖与传播方式以及其特殊的菌、藻共生体系有关。营养繁殖由于缺少基因交换和重组机会，因而突出了地衣的遗传保守性，除非是由于环境巨变等因素引起基因突变，带来形态分化和地理隔离，从而出现替代种，否则地衣的遗传保守性极大。与以伴随基因交换和重组的有性繁殖为主的高等植物的变异性相比，地衣的遗传保守性更为明显。由于地衣是真菌与藻类共生的生命支撑系统，而这种生命支撑系统所带来的对环境的适应性，特别是在抗旱性方面使地衣在物种分布区的扩大方面发挥着重要作用，因此，相对于高等植物而言，地衣的地理成分分析往往以种的分布区为主。

地衣的区系一般分为6个地理成分，即世界广泛分布、泛热带成分、环北极成分、温带成分、东亚成分、中国特有成分[34]。

4.2.1 世界广泛分布

属于该成分的地衣种类几乎遍布世界各大洲，没有特殊的分布中心，或有多个分布中心。汾河源头中的地衣属于该分布区类型的有小皿叶、土星猫耳衣(*Leptogium saturninum*)、喇叭粉石蕊、瘦柄红石蕊(*Cladonia macilenta*)、粉杯红石蕊、石梅衣、黄烛衣、粉点地卷、墙上瓶口衣等。

4.2.2 泛热带成分

该成分包括普遍分布于东、西两个半球热带和亚热带地区，甚至有的延伸到温带的地衣种类。属于此类成分的汾河源头地衣有黄假杯点衣。

4.2.3 环北极成分

属于这一地理成分的种类包括分布于北温带北极和极地的周围，个别可延伸至更低纬度，包括环两极间断分布的种类。属于此类成分的汾河源头地衣有地图衣和地茶。

4.2.4 温带成分

此类成分分布于北温带或南、北温带，某些种类还可能延伸到北极南缘或泛热带高山。属于此类成分的汾河源头地衣有皮果衣、束胞胶衣、中国树花(*Ramalina sinensis*)、梅衣、莠梅衣、优果小网衣(*Lecidella euphorea*)、网衣、软网衣、蓝绿痢屑衣、灰白痢屑衣、绵散盘衣、灰石耳、黑茶渍、小茶渍(*Lecanora hageni*)、墙茶渍(*L. muralis*)、柳茶渍(*L. saligna*)、白赤星衣、糙蜈蚣衣(*Physcia tribacia*)等。

4.2.5 东亚成分

该成分的种类从东喜马拉雅一直分布到日本，向东北一般不超过俄罗斯境内的阿穆尔州，并从日本北部至萨哈林岛；向西南不超过越南北部和喜马拉雅东部；向南远达菲律宾、苏门答腊和爪哇；向西北一般以我国森林边界为界。属于此类成分的汾河源头地衣有光面黑盘衣(*Pyxine berteri-*

ana）和鳞芽瓦衣。

4.2.6 中国特有成分

这类成分指目前仅知道分布于中国的种类，如黄果梅衣。

管涔山地区地衣区系具有明显的温带性，与泛热带成分和东亚成分有一定的联系，但特有现象不明显。由于本区地处北温带，冷空气较多，在此分布的地衣具有寒温带性质。由于地衣在环境适应方面的可塑性较大，分布范围非常广泛，因此，本区缺乏特有种。

第五章

壳假网衣共生菌系统发育研究

地衣学家一般认为，壳状地衣的生长非常缓慢，年均生长不到0.1 mm。2006年，我们在管涔山偶然发现壳假网衣(*Porpidia crustulata*)，并做了详细记录。2007年，通过测量，我们发现壳假网衣平均增长在0.5 mm左右，远超0.1 mm。由此引起我们的研究兴趣，并开始了长达7年的研究。

壳假网衣隶属茶渍目(Lecanorales)，假网衣科(Porpidiaceae)，假网衣属(*Porpidia*)。

1855年，Körber首次报道了假网衣属[123]。1975年，Hertel首次将假网衣属从茶渍科中分离开来，建立了假网衣科[124]。假网衣属大多生长在岩石上，仅有少部分可能生长于树皮上[125]。Buschbom等[126]根据LSU序列对假网衣属进行了系统发育研究，发现假网衣属不是一个单系群，属内一些种与假网衣科内别的一些属和种，以及茶渍科的一些属和种聚为一支。随着对更多的分子序列的研究，假网衣属的划分也将进一步被改写。因此，运用形态解剖特征与分子数据相结合的方法对假网衣属的分类系统进行研究分析是非常有必要的。

ITS序列具有高度的变异性，常用于属级以及种分类单位的分子系统学研究。不同的物种之间的ITS序列差异非常大，显现出高度的可变性，这种高度的可变性可作为精准鉴定地衣的分子指标。

本研究从GenBank上搜集到目前能得到的所有假网衣属地衣ITS序列分子数据，并综合了本试验测定的壳假网衣ITS序列分子数据，进行系统发育树的构建。

5.1 材料与方法

5.1.1 实验材料

本研究选取2006—2012年间管涔山地区采集到的壳假网衣为实验材料，结合形态结构、解剖结构、化学物质、系统发育等研究方法对壳假网衣进行研究。

5.1.2 实验方法

5.1.2.1 形态观察

利用光学体视显微镜(Motic，SMZ－168)对地衣的外部形态特征进行观察，详细记录地衣体表面的颜色、形态及分布，子囊盘的大小、颜色、形状等；并观察地衣体皮层、髓层等的显色反应。

5.1.2.2 解剖结构观察

利用奥林帕斯光学显微镜(BX51)观测子囊盘的结构特征(子实层、囊层基等)、子囊和子囊孢子特征(排列方式、孢子的个数、大小、形状、隔膜等)及显色反应等。

5.1.3 化学物质测定

5.1.3.1 化学显色反应法

该方法主要是利用某些地衣化学物质能与一些试剂发生显色反应的特征。使用10%氢氧化钾水溶液(K)、饱和的漂白粉水溶液(C)、5%对苯二胺的乙醇溶液(PD)与地衣体的皮层和髓层进行显色反应，利用颜色的变化情况，为地衣的鉴定提供依据。化学显色反应法具有操作简易、反应快的特点。

5.1.3.2　微量化学重结晶法

根据地衣酸溶解后重结晶盐类形体的不同，判断地衣的化学物质，主要是对化学显色反应法的补充。

5.1.3.3　化学物质标准薄层层析法

硅胶板(20 cm×10 cm 硅胶板，青岛海洋化工厂生产)，层析缸，毛细管，EP 管(规格 1.5 mL)，三用紫外线分析仪(上海顾村电光仪器厂)，实验用喷雾器。

本研究采用 C 溶剂系统展层，并以含黑茶渍素和降斑点酸的中国特有种金丝刷（*Lethariella cladonioides*)为分区参照标准。主要参考 Culberson 等[127-128]的方法。

具体操作如下。

(1)处理硅胶板：用 2B 铅笔在距硅胶板底部 1.5 cm 处轻画一条直线，在此直线上每间隔 1 cm 用铅笔标记 1 个点(共 19 个点)，1、10 和 19 点作为对照物不用标号，其余 16 个点作为待检样品，从左至右依次标号。

(2)提取样品：取少量待检地衣样品置于编好号的 EP 管中，将丙酮加入 EP 管中(刚刚埋没样品即可)，静止浸提 15 min。

(3)点样：在 16 个待检样品点用毛细管点样 30 次左右，点样斑越小越好。

(4)饱和：将点完样的硅胶板置于层析缸内液面以上，使之饱和(约 10 min)。

(5)展层：将饱和后的硅胶板置于液面下约 1 cm，点样斑在液面上约 0.5 cm，原点线保持与液面相平行。

(6)取出：当溶剂展层达到 8 cm 时，将硅胶板取出，用吹风机吹干硅胶板。

(7)标样：在 254 nm 和 365 nm 紫外光照射下，用 2B 铅笔标记出斑点的位置，并记录荧光的强弱和颜色。

(8)喷酸：用10% H_2SO_4喷湿硅胶板，检查有无脂肪斑。

(9)烘干：将硅胶板放入110°C 的烘箱内烘烤约10min。

(10)分区：在显色后的点样斑上下边缘各画一条直线，两条直线之间的区域为第一区；在降斑点酸及黑茶渍素斑点上下边缘各画一条直线，降斑点酸斑点两条直线之间的区域为第四区，黑茶渍素斑点两条直线之间的区域为第七区；在第一区和第四区画一条中线，分为第二区和第三区；同样的方法划分出第五区、第六区和第八区。

(11) Rf 值：求各斑点的 Rf 值，并根据荧光强度等特征鉴定其化学成分。

5.1.4 共生菌分子系统发育构建

5.1.4.1 基因组 DNA 提取

具体操作如下：

(1)从岩石上刮取大约0.5cm^2地衣体转移到1.5 mL 的无菌 EP 管中；小心加入液氮，研磨至粉末状。

(2)加入600 μL 提前预热过的 CTAB 提取液(65℃)，振荡、混匀，65℃ 水浴5 min。

(3)加入600 μL Tris 饱和酚至上述处理液中，振荡混匀，离心12 000 g (3 min)。

(4)转移上清液至新的1.5 mL 无菌 EP 管中，加入1倍体积的 Tris 饱和酚∶氯仿∶异戊醇(25∶24∶10，v/v/v)，轻轻混匀，离心12 000 g(3 min)。

(5)转移上清液至新的1.5 mL 无菌 EP 管中，加入1/10 体积的3M NaAC 和2倍体积的无水乙醇(4℃)，-20℃ 放置1 h。

(6)12 000 g 离心10 min，弃上清液。

(7)加入1 mL 70% 乙醇(4℃)洗涤沉淀。

(8)在超净工作台中，室温干燥。

(9)加100 μL 提前预热过的无菌水(65℃)溶解沉淀，-20℃保存。

5.1.4.2　PCR 扩增和产物回收

用于本研究的 PCR 扩增引物 ITS1（5′ - TCCGTAGGTGAACCTGCGG - 3′）和 ITS4（5′ - TCCTCCGCTTATTGATATGC - 3′）[40]由生工生物工程(上海)股份有限公司合成。ITS 基因序列 PCR 扩增选用 25 μL 反应体系(表 5.1)。使用美国 BIO - RED 公司生产的 PCR 仪进行扩增，扩增反应程序为：94℃预变性 5 min；94℃变性 30 s，55℃退火 35 s，72℃延伸 1 min，35 个循环；72℃延伸 5 min，4℃保存 10 min。PCR 扩增产物使用上海华舜小量胶回收试剂盒进行纯化回收。序列测定由生工生物工程(上海)股份有限公司在 ABI 3700 DNA 自动测序仪(Applied Biosystems，USA)上完成。

表 5.1　ITS 序列片段扩增反应体系

体系组分	体积(μL)
F_w(10 μM)	0.5
R_v(10 μM)	0.5
10 × buffer(Mg^{2+})	2.5
dNTP(2.5 mM)	1.0
Template	1.0
ddH_2O	19.3
Taq DNA 聚合酶	0.2
总体积	25.0

5.1.4.3　序列分析及系统发育树构建

序列使用 MUSCLE[129]进行比对分析，人工检查并手动调整部分结果。本研究所用的 31 条 ITS 序列见表 5.2，其中选择丽石黄衣(*Xanthoria elegans*) 为外类群[130]。本研究分别采用最大简约法(MP)、最大似然法(ML)、邻接法(NJ)、贝叶斯法(BA)四种建树方法对系统发育树进行重建。MP 树在 PAUP * version 4.0b10[131]下运行。最大简约法采用启发式搜索，拓扑树的节点支持由 1 000 次重复的自展检验分析得到。ML 树通过

Modeltest 3.7[132]选择适合的模型(表5.3)，通过PhyML计算得到。贝叶斯法分析采用MrBayes 3.1.2[133]。MCMCMC算法同时建立4条马尔科夫链，以估计后验概率，共运行5 000 000代，每1 000代抽样一次[134-136]。

表5.2　由GenBank下载用于本研究分析的ITS序列信息

种名	样本号	ITS序号登录号	文献
Porpidia crustulata	GC08	KF303294	本研究
P. crustulata	—	HQ605941	Basaran et al(unpubl)
P. albocaerulescens	AFTOL-ID 385	JQ301702	Gaya et al[137]
P. macrocarpa	gneiss	EU263923	Novis(unpubl)
P. hydrophila	Ekman 3183	AF429267	Ekman et al[138]
P. musiva	—	HQ605939	Basaran et al(unpubl)
Lecidea rubrocastanea	T. Spribille 16723(FR)	EF495166	Spribille et al[139]
L. tessellata Florke	Lay 01-0360	HQ650671	Schmull et al[140]
L. pullata	Tonsberg 34616	HQ650669	Schmull et al[140]
L. polytrichina	Palice s. n.	HQ650668	Schmull et al[140]
L. nylanderi	Spribille 10020	HQ650667	Schmull et al[140]
L. leprarioides	Tonsberg 30543	HQ650666	Schmull et al[140]
L. lapicida	Lendemer 11081	HQ650665	Schmull et al[140]
L. fuscoatra	Arup L02894	HQ650662	Schmull et al[140]
L. floridensis	May 3088	HQ650661	Schmull et al[140]
L. auriculata	Lay 07-0075	HQ650658	Schmull et al[140]
L. atrobrunnea	Lay 04-0125	HQ650657	Schmull et al[140]
L. silacea	AFTOL-ID 1368	HQ650629	Schmull et al[140]
L. andersonii	granite	EU257687	Ruprecht et al[141]
L. andersonii	granite	EU257685	Ruprecht et al[141]
Nephroma expallidum	Goffinet 3520	NEU92880	Goffinet et al[142]
N. arcticum	Goward 92-354	NAU92881	Goffinet et al[142]
N. resupinatum	KF218	HM448768	Fedrowitz et al[143]
N. resupinatum	KF188	HM448765	Fedrowitz et al[143]
N. resupinatum	KF213B	HM448758	Fedrowitz et al[143]
N. parile	KF172E	HM448781	Fedrowitz et al[143]
N. parile	KF172	HM448780	Fedrowitz et al[143]

续表

种名	样本号	ITS 序号登录号	文献
N. parile	KF142	HM448779	Fedrowitz et al[143]
N. bellum	KF121	HM448757	Fedrowitz et al[143]
N. bellum	KF91B	HM448754	Fedrowitz et al[143]
Xanthoria elegans	gbM10	EF423390	Brunauer et al[130]

注：未知菌株用“—”表示。

5.2　结果与分析

5.2.1　形态观察

地衣体壳状(图 5.1)，最大直径可达 8 cm，厚度薄，连续，上表面为白色，黄白色，灰绿色或浅灰色，偶橙色，粗糙；子囊盘圆形，偶丛生，无柄，直径 0.3 ~ 1.5 mm；子囊盘黑色，平面凸，多数情况下是黑色，偶为锈红色。皮层 K -，C -；髓层 P -。

图 5.1　壳假网衣

5.2.2 解剖观察

皮层厚10~35 μm，无定型层；髓层白色，菌丝直径3.5~4 μm；藻层厚60~65 μm；藻细胞大小为9~14 μm；囊盘被橙色或蓝色，宽60~100 μm，长80~120 μm。子实层无色，透明，偶为深褐色或棕橄榄色，60~120 μm；侧丝宽1.2~1.8 μm，长2~3.5 μm，顶部；囊层基浅棕色至黑褐色，厚150~270 μm；子囊棍棒状，55~80 μm×10~20 μm，孢子8孢，子囊孢子透明，椭圆形，10~22 μm×5~9 μm(图5.2)；分生孢子透明，棒状。

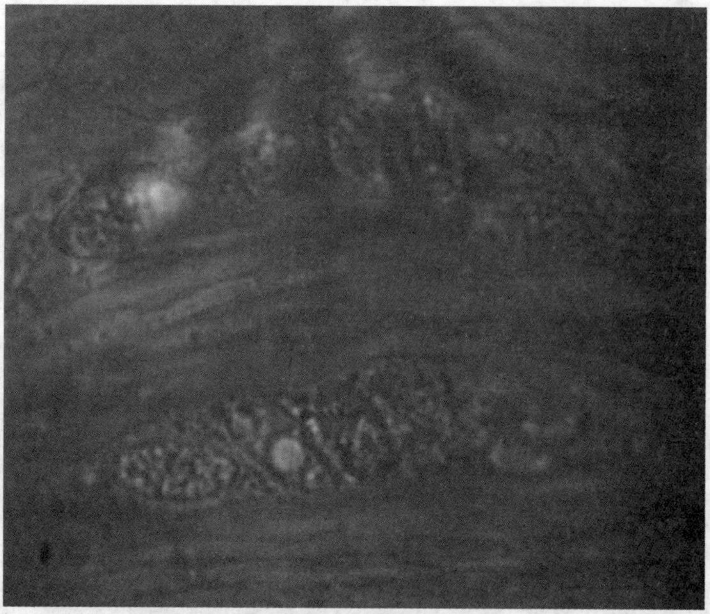

图5.2 壳假网衣子囊孢子

5.2.3 化学物质测定

经化学物质标准薄层层析法测定，壳假网衣含斑点酸和降斑点酸。

5.2.4 共生菌系统发育分析

通过分析软件 MUSCLE 对序列进行排序，生成用于分子系统进化分析的序列矩阵，并人工调整。结果显示，ITS 基因序列比对长度为 320 bp，其中核苷酸变异位点 163 个，简约信息位点 135 个，分别占到比对长度的 50.1% 和 42.2%。Modeltest 3.7 分析结果显示，最适合 ITS 基因数据集的 DNA 进化模型为 GTR + G，得到模型相关参数 11 个(表 5.3)。

表 5.3　Modeltest 3.7 检验得到的优化模型参数

基因序列	选择的模型	碱基频率	比率矩阵
ITS	GTR + G		R(a)[A − C] = 2.342 4
	− ln$L$ = 5 408.400 9	A = 0.206 2	R(b)[A − G] = 4.077 8
	K = 9	C = 0.275 7	R(c)[A − T] = 2.294 7
	AIC = 10 834.801 8	G = 0.273 2	R(d)[C − G] = 1.501 5
	(I) = 0	T = 0.244 9	R(e)[C − T] = 8.071 8
	(G) = 0.498 4		R(f)[G − T] = 1.000 0

基于 ITS 基因序列，运用 NJ、MP、ML 和 BA 法构建壳假网衣的系统发育关系，所得结果基本一致(图 5.3 至图 5.6)。从图 5.3 至图 5.6 可以看出，假网衣属被分成了两大分支，第一大分支包括假网衣属的大部分种类：壳假网衣、大果假网衣(*Porpidia macrocarpa*)、嗜水假网衣(*P. hydrophila*)、花叶假网衣(*P. musiva*)；而白蓝假网衣(*P. albocaerulescens*)则与花纹网衣(*Lecidea tessellata*)聚为另外一支。从系统发育树可以看出，壳假网衣与大果假网衣有很高的节点支持率，为 88%(NJ)、89%(MP)、94%(ML)、100%(BA)，是假网衣属内亲缘关系较近的两个种。4 种方法构建的系统发育树显示，假网衣属与茶渍属有较近的亲缘关系，这与 Buschbom 等[126]所报道的结果一致。

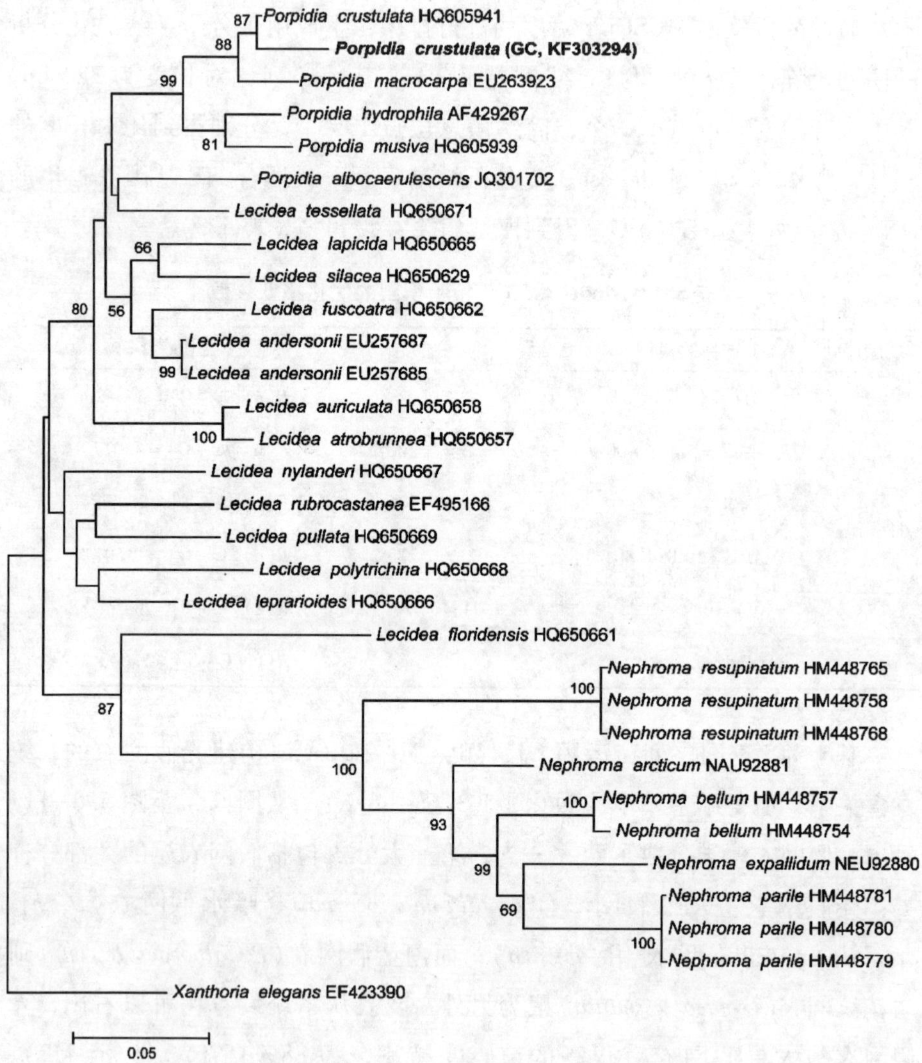

图 5.3 基于 ITS 基因的 NJ 树(支持率小于 50% 不显示)

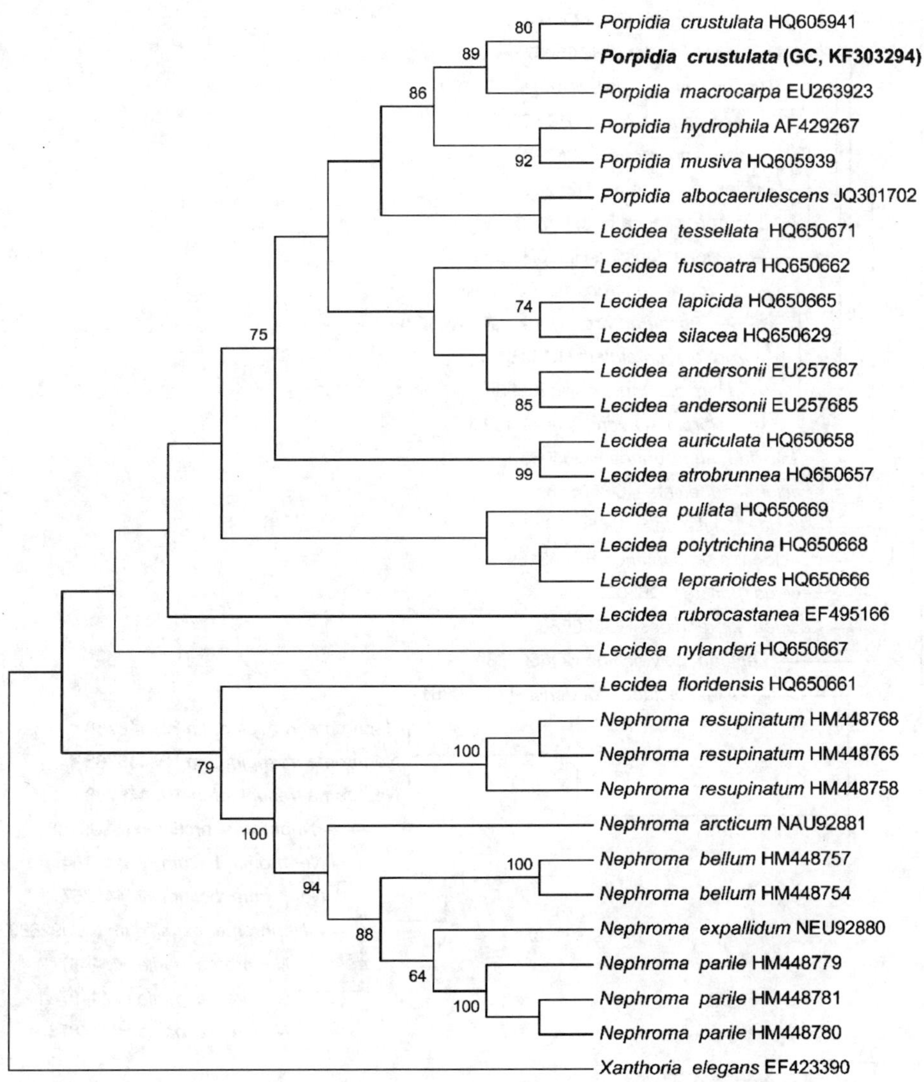

图 5.4 基于 ITS 基因的 MP 树(支持率小于 50% 不显示)

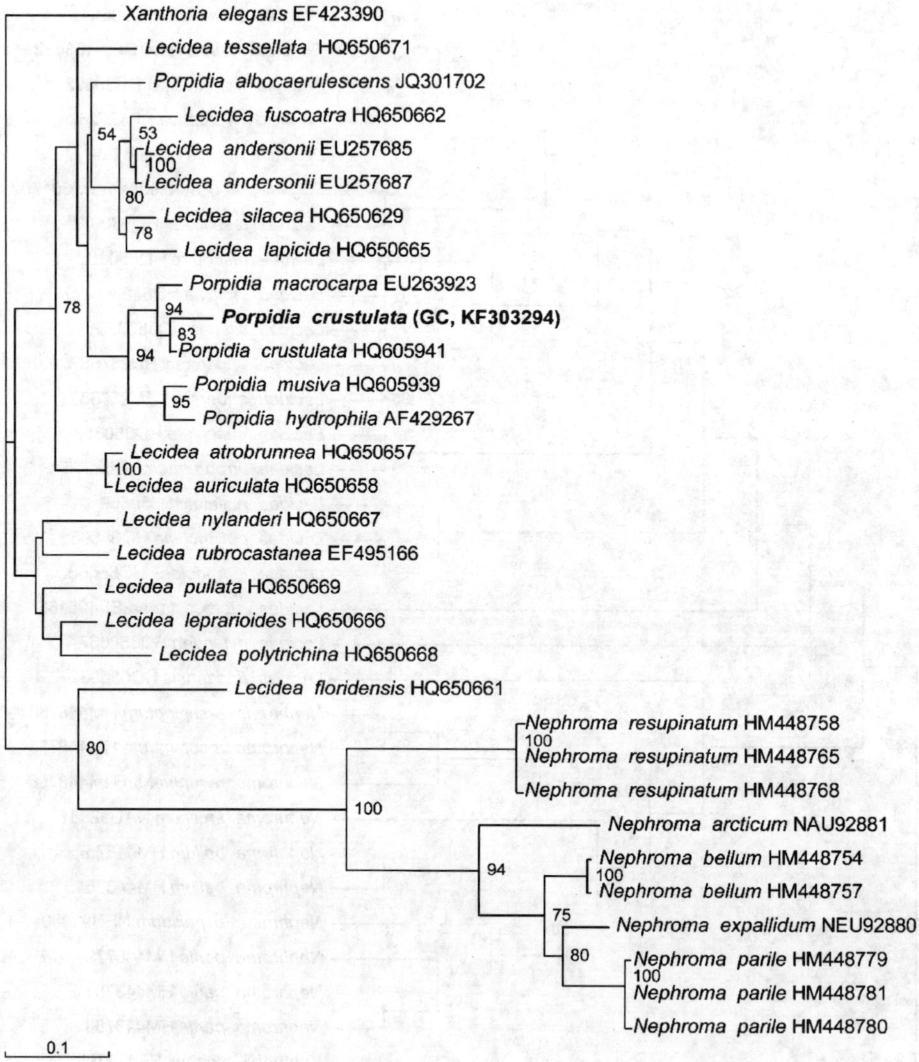

图 5.5　基于 ITS 基因的 ML 树(支持率小于 50% 不显示)

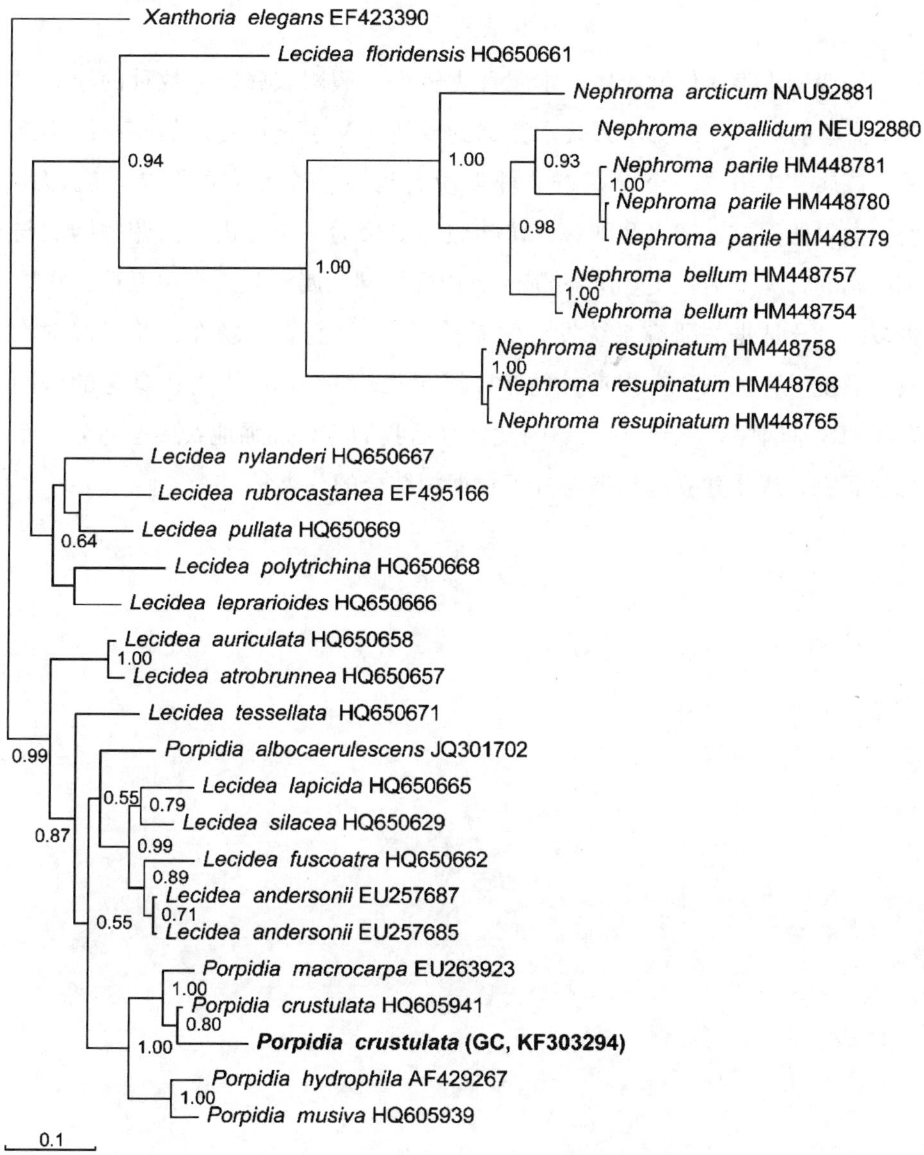

图 5.6 基于 ITS 基因的 BA 树(支持率小于 50% 不显示)

5.3 小结

壳假网衣隶属假网衣属，本属种类较少。假网衣属内多数种的建立只有形态学特征，缺乏分子系统学数据的支持。从系统进化树的拓扑结构来看，该属并未组成一个单系群，种类没有构成一个独立的分支。壳假网衣、大果假网衣、嗜水假网衣、花叶假网衣聚为一个分支，白蓝假网衣与茶渍属的种类聚为一支。Buschbom 等指出假网衣属不是一个单系群，需要更多的分子数据去研究系统发育关系等[126]。然而直到现在，关于假网衣属的系统发育关系研究报道，仍然寥寥无几，GenBank 上可供参考的假网衣属 ITS 基因序列不到 10 条。因此，今后我们应该加强地衣形态与分子系统学研究，逐步建立起形态与分子数据相结合的分类学。

第六章

壳假网衣共生藻系统发育研究

真核藻类和蓝藻是最常见的地衣共生藻，能为共生菌提供连续稳定的碳水化合物。共生菌的特殊结构则给共生藻提供了一个长期避免阳光照射的“庇护所”。

壳假网衣（*Porpidia crustulata*）隶属茶渍目（Lecanorales），假网衣科（Porpidiaceae），假网衣属（*Porpidia*），目前对壳假网衣共生藻的研究未见报道。随着分子生物学研究的深入发展，运用形态特征与分子数据相结合的方法对壳假网衣共生藻的分类系统进行研究分析是非常有必要的。

*rbc*L 是叶绿体中编码核酮糖 1，5－二磷酸羧化酶/氧化酶大亚基的基因，片段长约1.4 kb，进化速率较慢，常用于分析属及属以上的系统关系。

ITS 序列是目前分析属以下分类阶元系统关系最简便、最有效的方法。ITS 序列主要由 ITS1、5.8S、ITS2 三部分组成，其中 ITS1 连接 18S 与 5.8S，ITS2 连接 5.8S 与 26S。ITS 序列具有高度的可变性，序列不仅在长度上有差异，序列本身差异也很大。ITS 序列常用于研究属内、种间、属间系统关系。

ITS2 rRNA 二级结构相对于一级结构具有更大的保守性。经研究发现，RNA 二级结构中有大量的可用于系统发育分析和分类的信息。二级结构是对系统分类的一个重要补充。

本研究结合形态特征与分子数据（*rbc*L、ITS、ITS2 rRNA）对壳假网衣共生藻进行了研究，重建壳假网衣共生藻的系统发育树，并预测共生藻核糖体 ITS2 rRNA 二级结构。

6.1 材料与方法

6.1.1 实验材料

本研究选取2006—2012 年间管涔山地区采集到的壳假网衣为实验材料。从中分离培养共生藻，结合形态结构与分子数据对壳假网衣共生藻进行分析研究。

6.1.2 实验方法

6.1.2.1 共生藻分离

对于壳假网衣共生藻的分离，采用两种方法：直接法和微量微管吸法。

(1)直接法。

①为了尽量避免地衣体表面藻细胞对实验的干扰，将少量壳假网衣地衣体放入装有 Tween－80 的无菌玻璃试管中，置于超声波清洗仪(新芝，SB1200)中清洗 5 min。

②将地衣体放入装有无菌蒸馏水的无菌玻璃试管中，置于超声波清洗仪中，清洗 3 次，每次 5 min。

③在超净工作台中将清洗过的地衣体用灭过菌的研钵研碎。

④在皮氏培养皿的 BG11(pH 值 7.5)固体琼脂培养基上滴几滴含有共生菌藻的悬浊液。

⑤在人工气候箱(博讯，BSG－300)中培养，培养条件温度为 20℃，光暗比 12:12，光照强度 2 000 lx。

⑥4 周左右，BG11 琼脂培养基上出现少量的共生藻群。

⑦在体视显微镜(Motic，SMZ－168)中将未受污染的群体选出来，并移

植到新的 BG11 固体琼脂培养基上。

(2)微量微管吸法。

①为了尽量避免地衣体表面藻细胞对实验的干扰，将少量壳假网衣地衣体放入装有 Tween－80 的无菌的玻璃试管中，置于超声波清洗仪(新芝，SB1200)中清洗 5 min。

②将地衣体放入装有无菌蒸馏水的无菌玻璃试管中，置于超声波清洗仪中，清洗 3 次，每次 5 min。

③在超净工作台中将清洗过的地衣体用灭过菌的研钵研碎。

④在灭过菌的五孔载玻片上滴加 1 滴无菌水，取 1 滴含有共生藻的悬浊液将其放入玻片的第 1 个孔中。

⑤在体视显微镜(Motic，SMZ－168)下，用蒸汽灭菌的微量吸管吸取 2～5 个藻细胞，将所吸细胞放入第 2 个孔中。

⑥重复以上操作 5 次以上。

⑦最后清洗之后，挑选单藻细胞转移到装有 BG11 培养基的无菌 24 孔细胞培养板中。

6.1.2.2 共生藻培养

将分离纯化后的共生藻转移到装有 50 mL BG11(pH 值 7.5)培养基的容量为 100 mL 的三角瓶中扩大培养。在人工气候箱(博讯，BSG－300)中培养，培养条件温度为20℃，光暗比 12:12，光照强度 2 000 lx。

6.1.2.3 共生藻形态结构观察

使用奥林帕斯光学显微镜(BX51)观察共生藻细胞的形态、大小、叶绿体、蛋白核等特征，并记录。

6.1.2.4 共生藻系统发育分析

(1)基因组 DNA 提取。

①取大约 200 mg 湿重的藻体，转移到 1.5 mL 的无菌 EP 管中；小心

加入液氮，液氮研磨至粉末状。

②加入 600 μL 提前预热过的 CTAB 提取液(65℃)，振荡、混匀，65℃ 水浴 5 min。

③加入 600 μL Tris 饱和酚至上述处理液中，振荡、混匀，离心(12 000g，3 min)。

④转移上清液至新的 1.5 mL 无菌 EP 管中，加入 1 倍体积的 Tris 饱和酚∶氯仿∶异戊醇(25∶24∶1，v/v/v)，轻轻混匀，离心(12 000 g，3 min)。

⑤转移上清液至新的 1.5 mL 无菌 EP 管中，加入 1/10 体积的 3M NaAC 和 2 倍体积的无水乙醇(4℃)，－20℃ 放置 1 h。

⑥12 000 g 离心 10 min，弃上清。

⑦加入 1 mL 70% 乙醇(4℃)洗涤沉淀，在超净工作台中室温干燥。

⑧加入 100 μL 提前预热过的无菌水(65℃)溶解沉淀，－20℃保存。

(2)PCR 扩增和产物回收。

用于本研究的 PCR 扩增引物见表 6.1，由生工生物工程(上海)股份有限公司合成。*rbc*L 和 ITS 基因序列的 PCR 扩增选用 25μL 反应体系(表 6.2)，使用美国 BIO－RED 公司生产的 PCR 仪进行扩增，反应程序为：① *rbc*L 基因序列：94℃预变性 3 min；94℃变性 1 min，55℃退火1 min，72℃延伸 2 min，35 个循环；72℃延伸 5 min，4℃保存 10 min；②ITS 基因序列：95℃预变性 5 min；95℃变性 30 s，55℃退火 30 s，72℃延伸 45 s，35 个循环；72℃延伸 5 min，4℃保存 10 min。PCR 扩增产物使用上海华舜小量胶回收试剂盒进行纯化回收。序列测定由生工生物(上海)工程股份有限公司在 ABI 3700 DNA 自动测序仪(Applied Biosystems，USA)上完成。

表 6.1　本研究所用引物

分子标记	引物序列	参考文献
*rbc*L	RH－1：5′－ATGTCACCACAAACAGAAACTAAAGC－3′	Manhart[144]
	1385R：5′－AATTCAAATTTAATTTCTTTCC－3′	Manhart[144]
ITS	NS7m：5′－GGCAATAACAGGTCTGT－3′	Bhattacharya et al[145]
	LR1850：5′－CCTCACGGTACTTGTTC－3′	Bhattacharya et al[145]

表 6.2　各个序列片段扩增反应体系

体系组分	体积(μL)	
	*rbc*L	ITS
F_w(10 μM)	2.0	2.0
R_v(10 μM)	2.0	2.0
10 × buffer(Mg^{2+})	2.0	2.0
dNTP(2.5 mM)	1.0	1.0
Template	1.0	1.0
ddH_2O	16.8	16.8
Taq DNA 聚合酶	0.2	0.2
总体积	25.0	25.0

6.1.2.5　序列分析及系统发育树构建

序列使用 Clustal – X 2.0 [146]进行比对分析，人工检查并手动调整部分结果。本研究所用 24 条序列(*rbc*L 序列，表 6.3)和 26 条序列(ITS 序列，表 6.4)，均选择原始小球藻(*Auxenochlorella protothecoides*)为外类群[140]。本研究分别采用了最大简约法(MP)、最大似然法(ML)、邻接法(NJ)、贝叶斯法(BA)四种建树方法对系统发育树进行重建。MP 树在 PAUP * version 4.0b10[131]下运行。最大简约法采用启发式搜索，拓扑树的节点支持由 1 000 次重复的自展检验分析得到。ML 树通过 Modeltest 3.7[132]选择适合的模型(表 6.5)，通过 PhyML 计算得到。贝叶斯法分析采用 MrBayes 3.1.2 [133]。MCMCMC 算法同时建立 4 条马尔科夫链，以估计后验概率，共运行 5 000 000 代，每 1 000 代抽样一次。

表 6.3　由 GenBank 下载用于本研究分析的 *rbc*L 序列信息

藻类/共生光合生物	样本号/分离	序列登录号	文献
Chlorella sp. GC	GC08	KC917289	本研究
C. pyrenoidosa	820	EU038284	Sun et al(unpubl)
C. vulgaris	NIES – 227	AB260909	Hoshina et al(unpubl)

续表

藻类/共生光合生物	样本号/分离	序列登录号	文献
C. vulgaris	CCAP 254/5	EF589154	Novis(unpubl)
C. vulgaris	Tamiya	M20655	Yoshinaga(unpubl)
C. vulgaris	SAG 211 - 11b	AF499684	Hayden et al[147]
C. luteoviridis	UTEX 21	EF113428	Verghese(unpubl)
C. ellipsoidea	Ce	EU038287	Sun et al(unpubl)
C. ellipsoidea	CCAP 211/33	EF589156	Novis(unpubl)
C. ellipsoidea	UTEX 20	EF113427	Verghese(unpubl)
C. saccharophila	SAG 211 - 1a	AM260446	Nyati et al[148]
C. variabilis	*Paramecium bursaria* OK1	AB260899	Hoshina et al(unpubl)
C. variabilis	*Paramecium bursaria* NC64A	AB260903	Hoshina et al(unpubl)
C. variabilis	*Paramecium bursaria* F36	AB260900	Hoshina et al (unpubl)
C. variabilis	*Paramecium bursaria* Syngen 2 - 3	AB260904	Hoshina et al(unpubl)
C. minutissima	LUCC 016	KC810312	Balakrishnan et al(unpubl)
C. singularis	LUCC 018	KC810314	Balakrishnan et al(unpubl)
C. sorokiniana	LU10	JQ415922	Chandrappa et al(unpubl)
C. sorokiniana	LU14	JQ415921	Chandrappa et al(unpubl)
C. sorokiniana	IFRPD 1014	AB260910	Hoshina et al(unpubl)
C. sorokiniana	IFRPD 1018	AB260911	Hoshina et al(unpubl)
C. sp. M8	*Hydra* sp. strain M8	AB713418	Kawaida et al[149]
C. sp. L9	*Hydra*sp. strain L9	AB713417	Kawaida et al[149]
Auxenochlorella protothecoides	F - 2	EU038285	Sun et al(unpubl)

表 6.4 由 GenBank 下载用于本研究分析的 ITS 序列信息

藻类/共生光合生物	样本号/分离	序列登录号	文献
Chlorella sp. GC	GC08	KC917287	本研究
C. vulgaris	D2	JX185298	Zheng et al(unpubl)
C. vulgaris	SAG 211 - 11f	AY591511	Müller et al[150]
C. vulgaris	SAG 211 - 1e	AY591512	Müller et al[150]
C. vulgaris	CCALA 262	AY591513	Müller et al[150]
C. saccharophila	UTEX 247	EF120783	Yu et al(unpubl)
C. variabilis	*Paramecium bursaria* Bnd1	AB162917	Hoshina et al[151]
C. variabilis	*Paramecium bursaria* CCAP 211/84	FN298923	Pröschold et al[152]
C. variabilis	SAG 211 - 6	FM205849	Luo et al[153]
C. variabilis	*Paramecium bursaria* KM2	AB162915	Hoshina et al[151]
C. pituita	ACOI 311	GQ176853	Krienitz et al[154]
C. chlorelloides	CB 2008/110	HQ111432	Bock et al[155]
C. pulchelloides	EN 2003/25	HQ111430	Bock et al[155]
C. pulchelloides	CB 2008/50	HQ111431	Bock et al[155]
C. rotunda	KR 2007/5	HQ111433	Bock et al[155]
C. volutis	CB 2008/69	HQ111434	Bock et al[155]
C. singularis	CB 2008/73	HQ111435	Bock et al[155]
C. sorokiniana	RP	JX014220	Do et al(unpubl)
C. sorokiniana	—	JQ898145	Sudhakar et al(unpubl)
C. sorokiniana	NIES：2173	AB731602	Hoshina et al[156]
C. sorokiniana	CCALA 260	FM205860	Luo et al[153]
C. sorokiniana	SAG 211 - 8k	FM205834	Luo et al[153]
C. sorokiniana	—	KC678067	Voronova et al(unpubl)
C. sorokiniana	NIES：2173	AB731601	Hoshina et al[156]
C. sorokiniana	CCAP 211/8K	FM205859	Luo et al[153]
Auxenochlorella protothecoides	F - 2	EU038291	Sun et al(unpubl)

注：未知藻株用“—”表示。

表 6.5 Modeltest 3.7 检验得到的优化模型参数

基因序列	选择的模型	碱基频率	比率矩阵
*rbc*L	GTR + I + G		*R*(a)[A - C] =0.686 7
	- ln*L* =3 400.521 0	A =0.281 4	*R*(b)[A - G] =1.881 8
	K =10	C =0.175 0	*R*(c)[A - T] =2.761 0
	AIC =6 821.042 0	G =0.211 9	*R*(d)[C - G] =0.739 8
	(I) =0.267 9	T =0.331 7	*R*(e)[C - T] =6.858 8
	(G) = 0.555 6		*R*(f)[G - T] =1.000 0
ITS	TIM + G		*R*(a)[A - C] =1.000 0
	- ln*L* =3 742.005 6	A =0.183 5	*R*(b)[A - G] =1.505 6
	K =7	C =0.308 6	*R*(c)[A - T] =0.647 3
	AIC =7 498.011 2	G =0.260 9	*R*(d)[C - G] =0.647 3
	(I) =0	T =0.247 0	*R*(e)[C - T] =3.321 1
	(G) = 0.415 1		*R*(f)[G - T] =1.000 0

6.1.2.6 共生藻核糖体 ITS2 rRNA 二级结构预测

共生藻核糖体 ITS2 rRNA 二级结构预测使用 mfold3.2[157]，除折叠温度设定为 25°C 外，其余参数默认。使用绘制软件 RnaViz 2.0 绘制 ITS2 二级结构[158]。

6.2 结果与分析

6.2.1 两种分离方法比较

本研究分别采用直接法和微量微管吸法从壳假网衣中分离共生藻。经过研究比较发现，采用直接法，共生藻极易受到细菌、共生菌以及其他生物的污染(图 6.1 - a)，而采用微量微管吸法，共生藻不易被污染

(图 6.1－b)。因此微量微管吸法是获得壳假网衣共生藻的可靠有效的分离方法(表 6.6)。

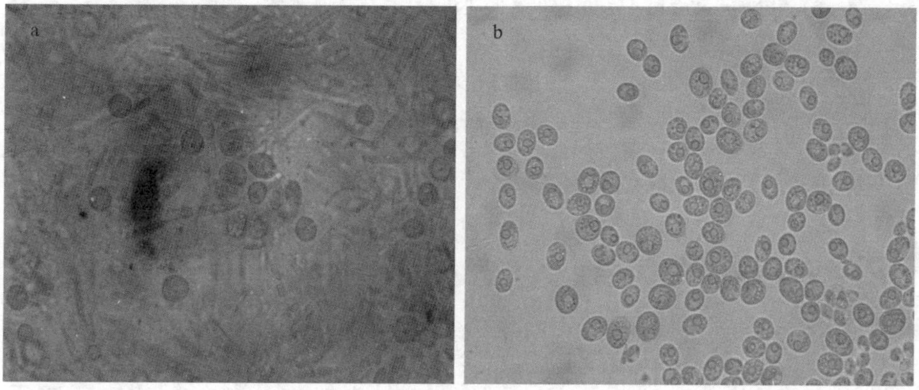

图 6.1　两种方法分离出的共生藻

a：直接法；b：微量微管吸法。

表 6.6　两种分离共生藻的方法比较

分离方法	优点	缺点
直接法	分离简单，耗时短	共生藻易被污染，很难区分哪些是真正的共生藻，往往要借助喷雾法或微量微管吸法进一步纯化
微量微管吸法	分离复杂，耗时长	共生藻不易被污染，能较快速地获得纯培养的共生藻

6.2.2　共生藻细胞形态特征

壳假网衣共生藻为单细胞，细胞大小为 3～7 μm，杯状叶绿体，蛋白核由一些淀粉粒所包围，细胞核不明显(图 6.1－b)。共生藻的细胞形态特征与小球藻属(*Chlorella*)相似，而又不同于已报道的小球藻属内种。根据壳假网衣的采集地，将其共生藻命名为 *Chlorella* sp. GC(GC 代表管涔山)。

6.2.3 共生藻系统发育分析

6.2.3.1 基于 *rbc*L 序列的壳假网衣共生藻系统发育分析

通过分析软件 Clustal X 2.0 对序列进行排序，生成用于分子系统进化分析的序列矩阵。结果显示，*rbc*L 基因序列比对长度为 726 bp，其中核苷酸变异位点 253 个，简约信息位点 171 个，分别占到比对长度的 34.85% 和 23.55%。Modeltest 3.7 分析结果显示，最适合 *rbc*L 基因数据集的 DNA 进化模型为 GTR + I + G(表 6.5)。

基于 *rbc*L 基因序列，运用 NJ、MP、ML 和 BA 法构建壳假网衣共生藻的系统发育关系，所得结果基本一致(图 6.2 至图 6.5)。从图 6.2 至图 6.5 可以看出，*Chlorella* sp. GC 和自由生活的 *C. sorokiniana* 聚集在一起，且有较高的节点支持率，为 85% (NJ)、95% (MP)、98% (ML) 和 100% (BA)，而没有与分离自草履虫的共生小球藻 *C. variabilis* 和分离自水螅的共生小球藻 *C.* sp. M8、*C.* sp. L9 聚在一起。由此推测，分离自壳假网衣的共生藻 *Chlorella* sp. GC 与自由生活的 *C. sorokiniana* 有较近的亲缘关系。

6.2.3.2 基于 ITS 序列的壳假网衣共生藻系统发育分析

通过分析软件 Clustal X 2.0 对序列进行排序，生成用于分子系统进化分析的序列矩阵。结果显示，ITS 基因序列比对长度为 598 bp，其中核苷酸变异位点 328 个，简约信息位点 231 个，分别占到比对长度的 54.85% 和 38.63%。Modeltest 3.7 分析结果显示，最适合 ITS 基因数据集的 DNA 进化模型为 TIM + G(表 6.5)。

基于 ITS 基因序列，运用 NJ、MP、ML 和 BA 法构建壳假网衣共生藻的系统发育关系，所得结果基本一致(图 6.6 至图 6.9)。从图 6.6 至图 6.9 可以看出，*Chlorella* sp. GC 和自由生活的 *C. sorokiniana* 聚集在一起，且有极高的节点支持率，为 100% (NJ)、99% (MP)、100% (ML) 和 100% (BA)，而没有与分离自草履虫的共生小球藻 *C. variabilis* 聚在一起。由此推测，分离自壳假网衣的共生藻 *Chlorella* sp. GC 与自由生活的 *C. sorokiniana* 有十分相近的亲缘关系。

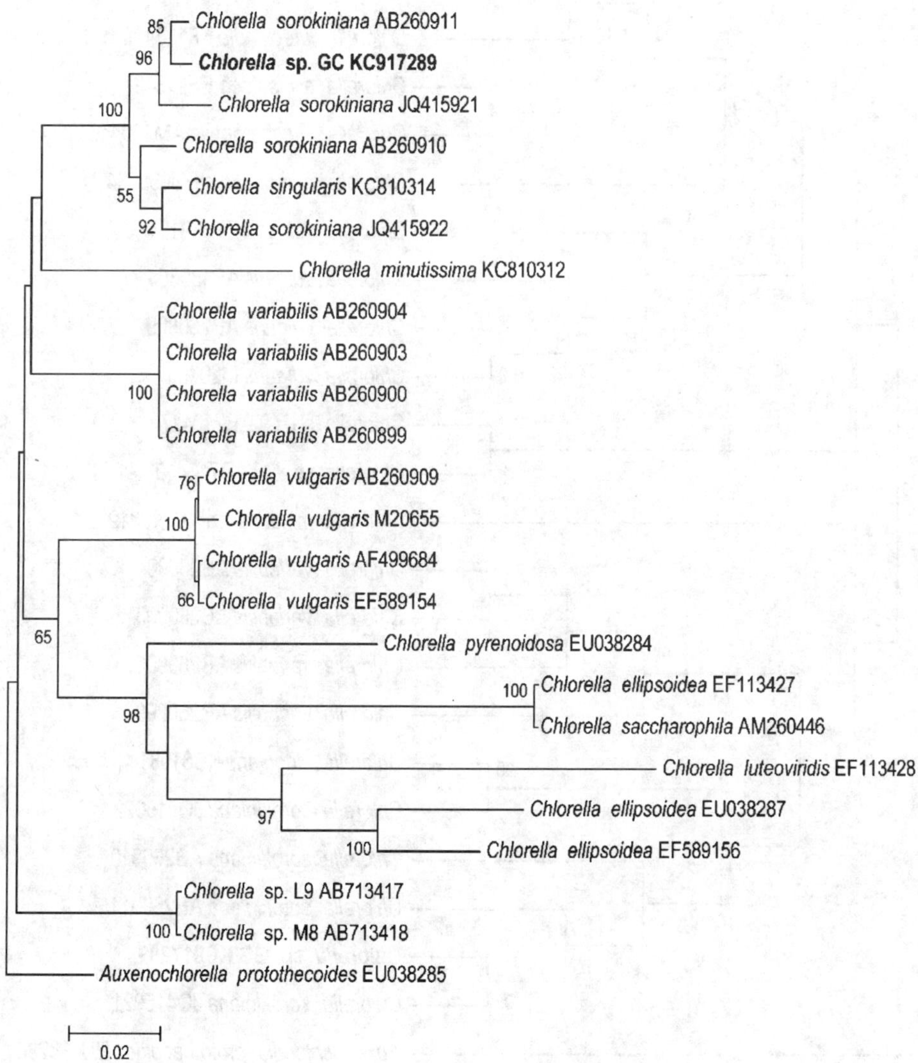

图 6.2　基于 *rbc*L 基因的 NJ 树(支持率小于 50% 不显示)

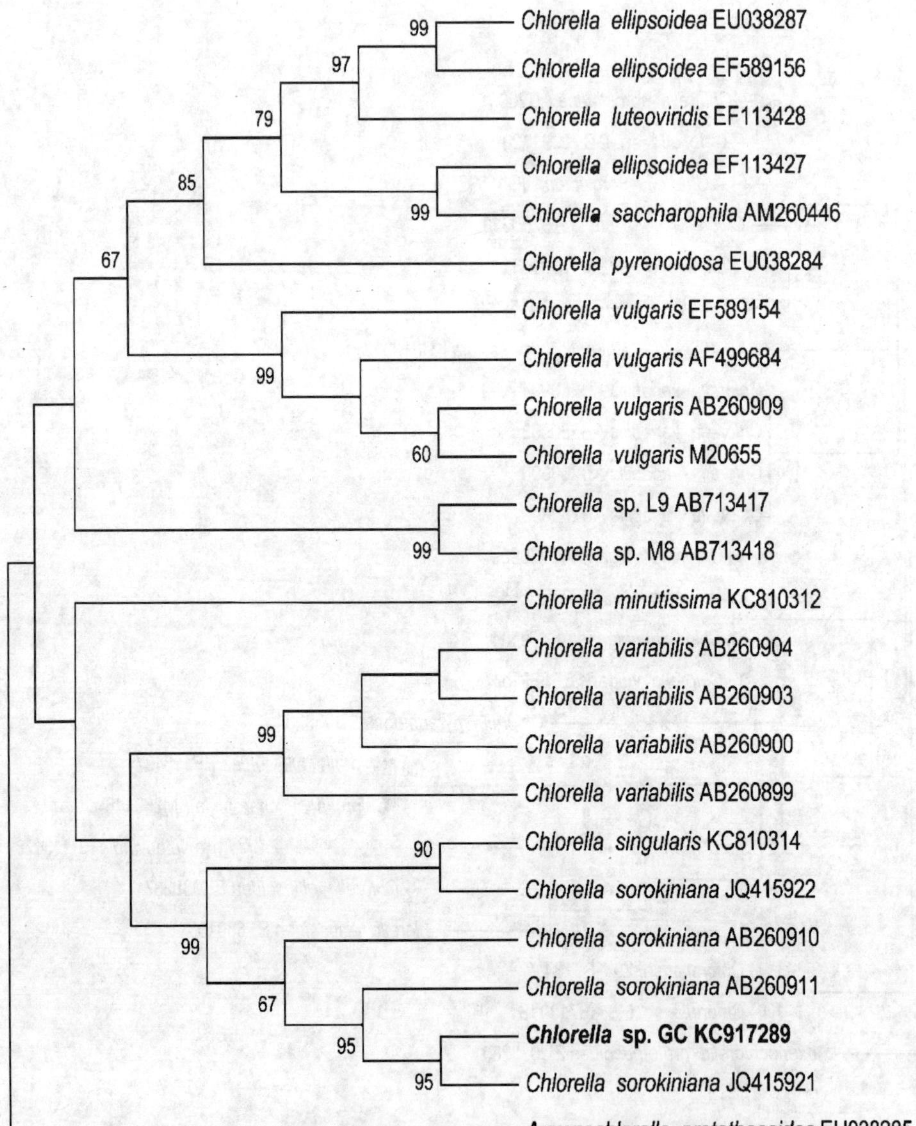

图 6.3　基于 *rbc*L 基因的 MP 树(支持率小于 50% 不显示)

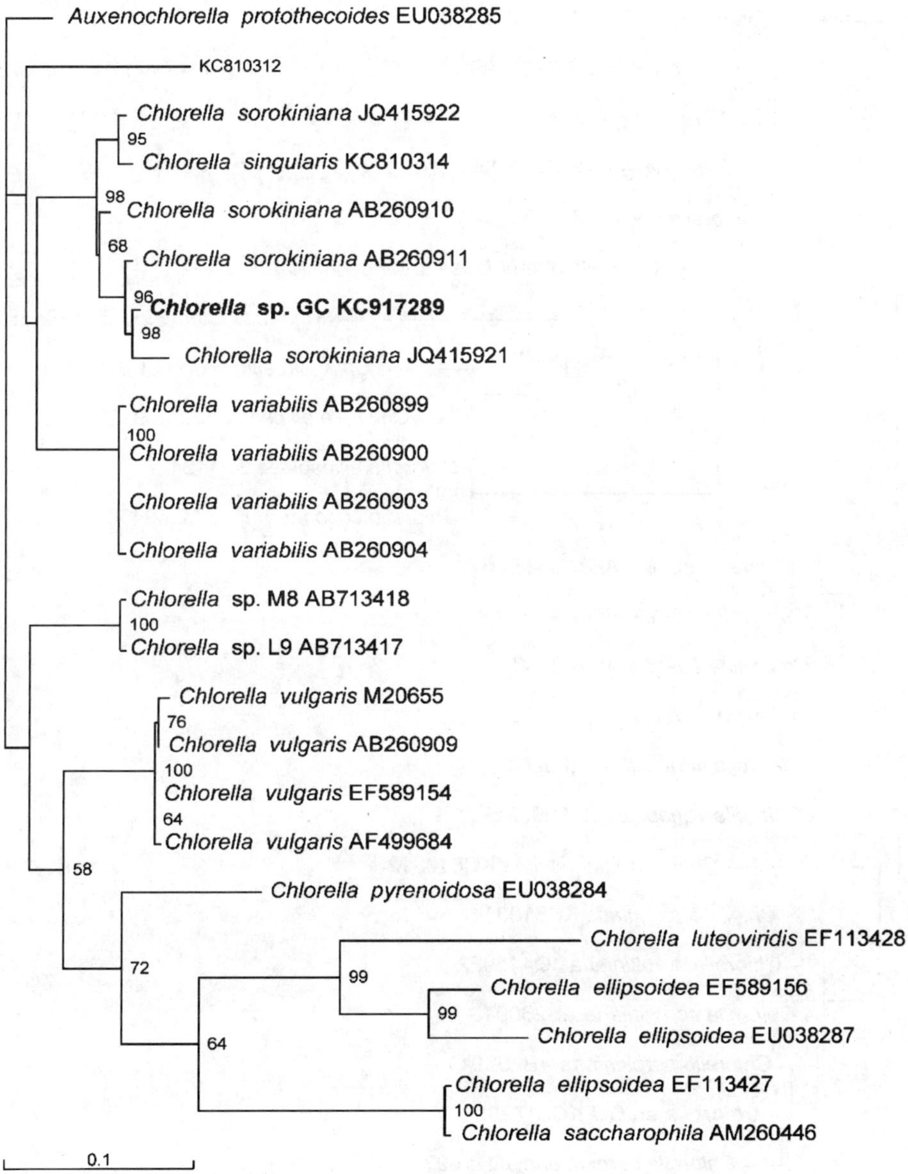

图 6.4　基于 *rbc*L 基因的 ML 树（支持率小于 50% 不显示）

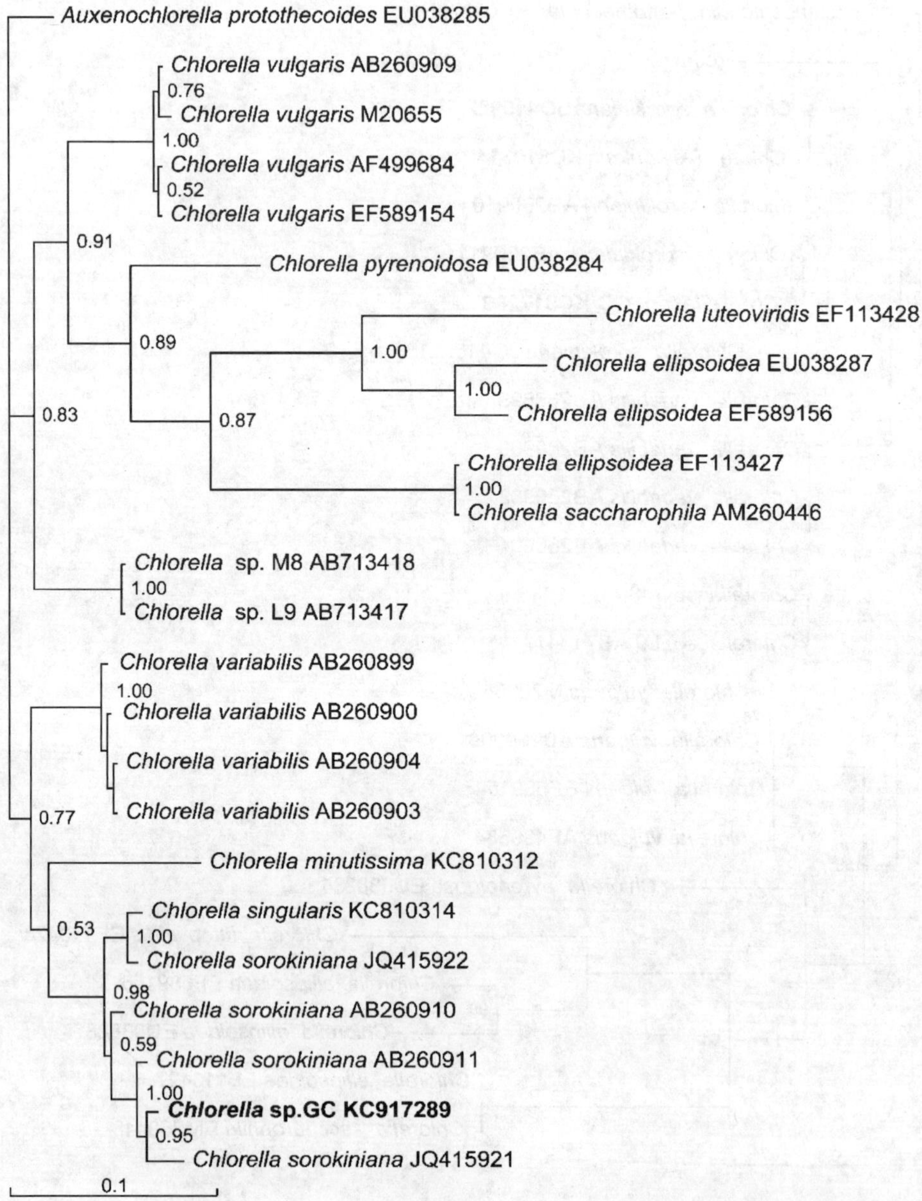

图 6.5　基于 *rbc*L 基因的 BA 树（支持率小于 50% 不显示）

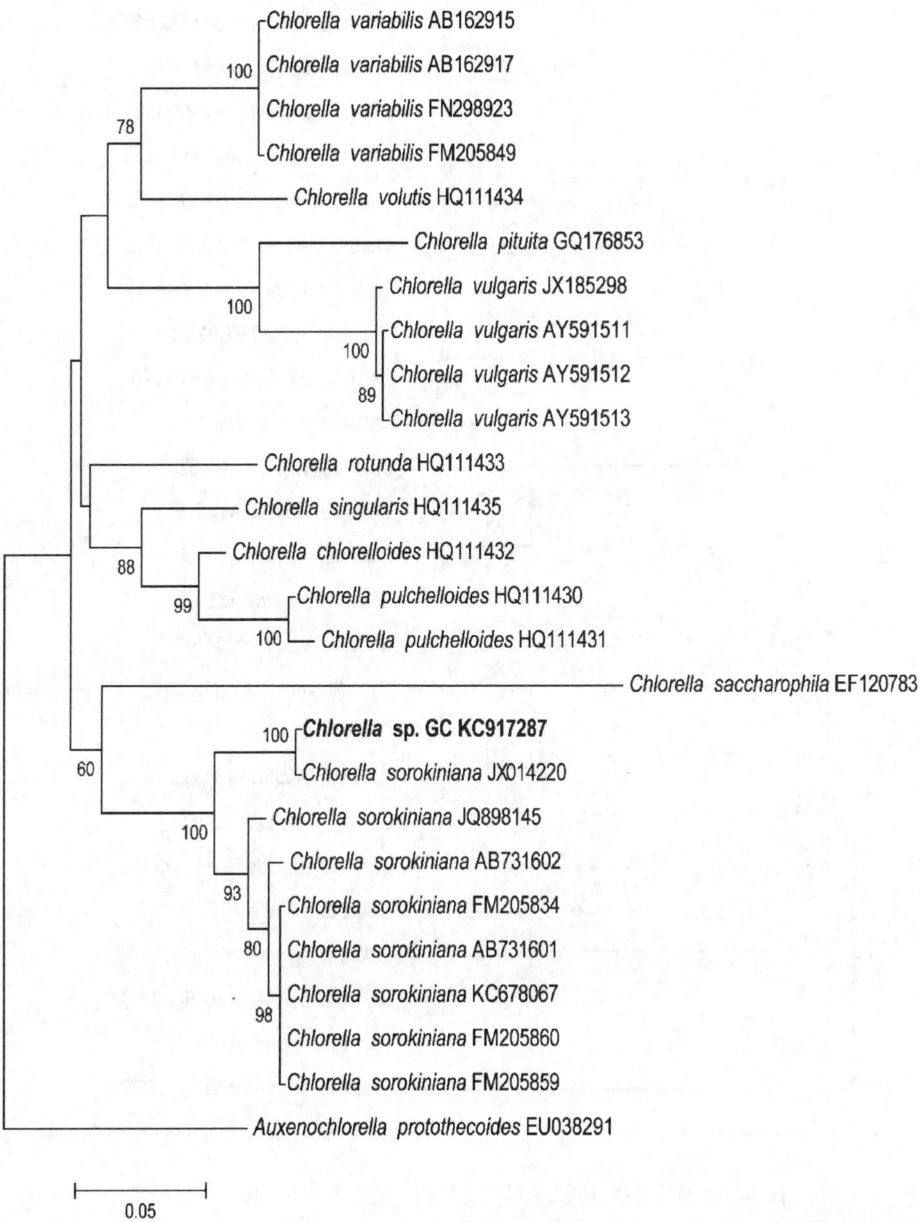

图 6.6　基于 ITS 基因序列的 NJ 树(支持率小于 50% 不显示)

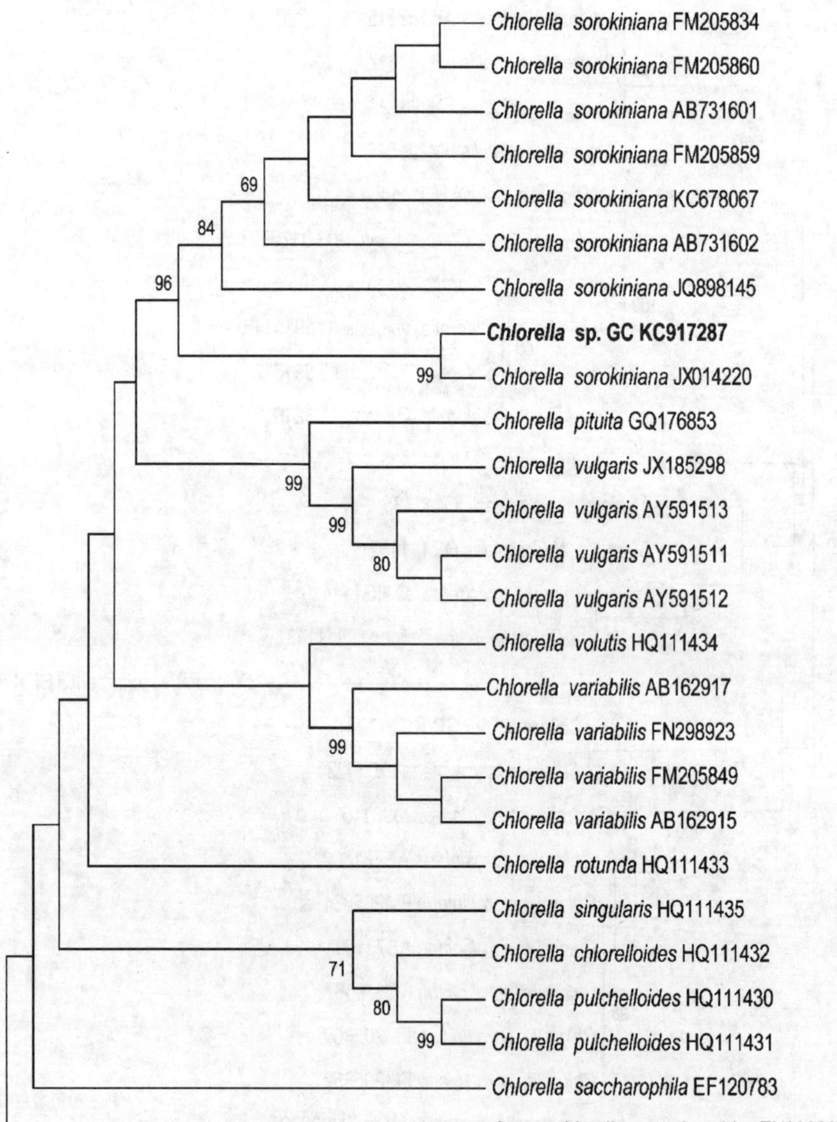

图 6.7　基于 ITS 基因序列的 MP 树(支持率小于 50% 不显示)

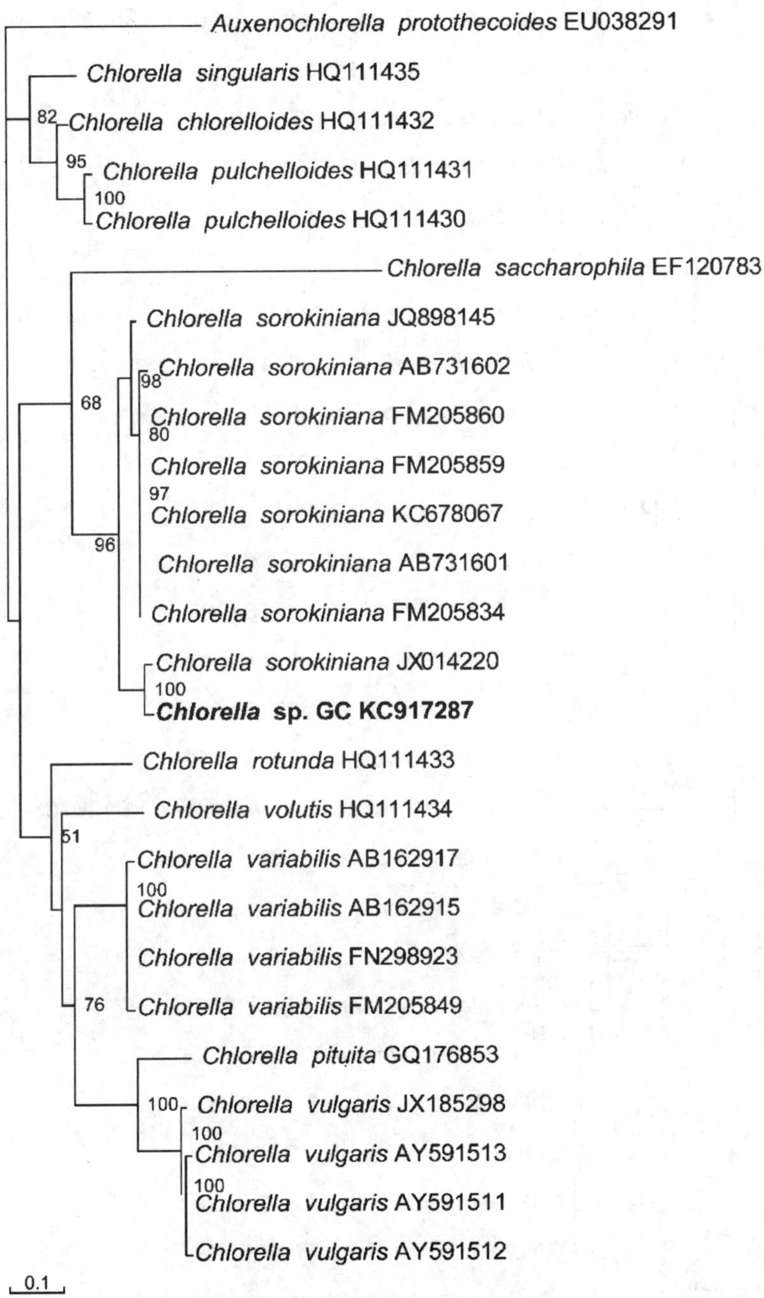

图 6.8 基于 ITS 基因序列的 ML 树(支持率小于 50% 不显示)

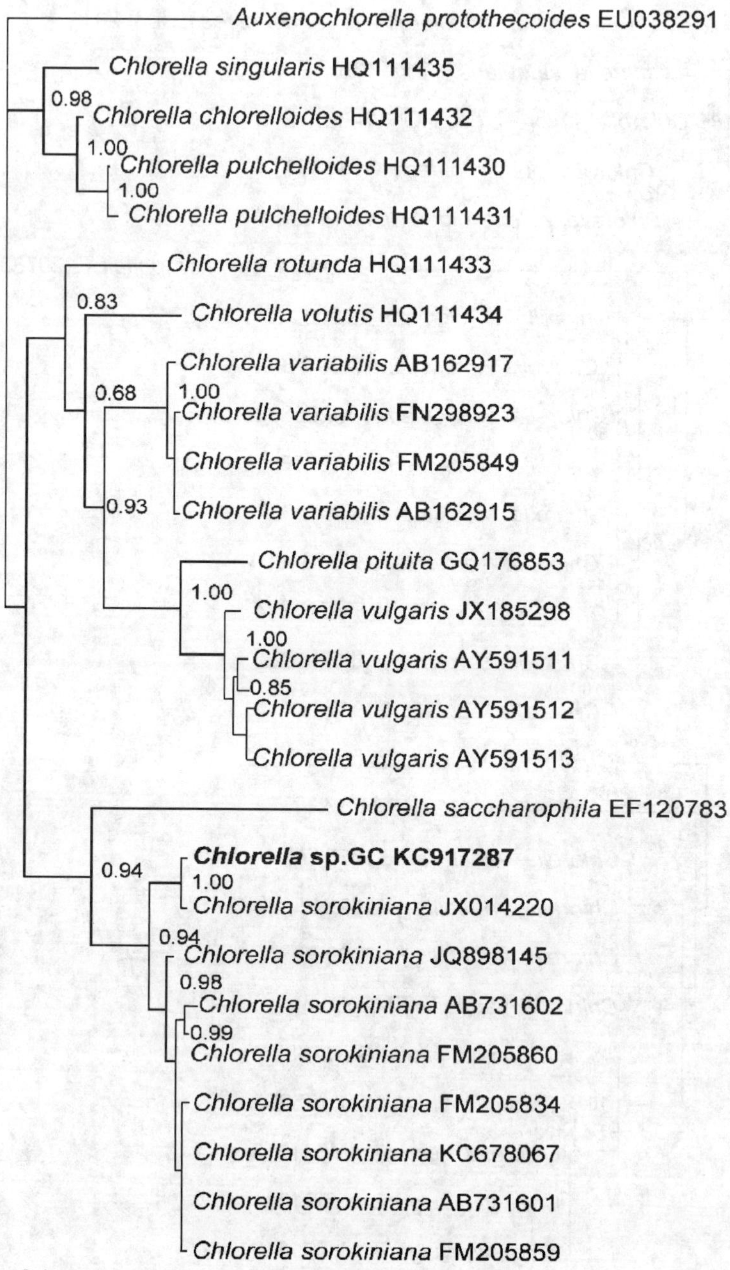

图 6.9　基于 ITS 基因序列的 BA 树(支持率小于 50% 不显示)

6.2.3.4　共生藻核糖体 ITS2 rRNA 二级结构预测

通过对共生藻 *Chlorella* sp. GC 与自由生活的 *C. sorokiniana*（登录号：JX014220）的核糖体 ITS2 rRNA 二级结构进行预测（图 6.10），发现 *Chlorella* sp. GC 与 *C. sorokiniana* 的 ITS2 rRNA 二级结构模型均有 4 个螺旋，且在第 2 个螺旋上均有一个嘧啶突起结构（PY），第 3 个螺旋上均有高度保守的序列（UGGU），没有补偿碱基变化（CBCs，配对两侧碱基均发生变化）和半补偿碱基变化（hemi－CBCs，配对两侧碱基一侧发生变化）。两者仅有的区别是，自由生活的 *C. sorokiniana* 比共生藻 *Chlorella* sp. GC 在第 4 个螺旋上多了一个尿嘧啶（U）。ITS2 rRNA 二级结构的进化相对于生物形态的变化要慢得多[159]。同属不同种的生物在 ITS2 rRNA 二级结构上至少有一个补偿碱基变化。CBCs 与 hemi－CBCs 的差异也成为区分物种的一个重要依据[160－161]。共生藻 *Chlorella* sp. GC 与自由生活的 *C. sorokiniana* 有几乎一致的 ITS2 rRNA 二级结构。基于两者的 ITS2 rRNA 二级结构，共生藻

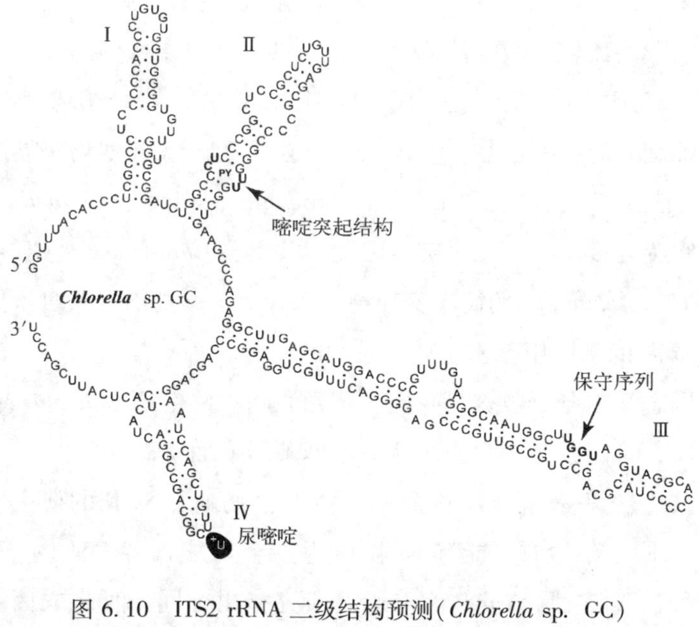

图 6.10　ITS2 rRNA 二级结构预测（*Chlorella* sp. GC）

Chlorella sp. GC 与自由生活的 *C. sorokiniana* 有较近的亲缘关系。

6.3 小结

小球藻常常被认为是地衣的附属藻类，而不是其共生藻[76, 84, 162 – 165]，仅有少量报道指出小球藻属是瓶口衣科部分种的共生藻[166]。本研究从壳假网衣中分离纯化培养了共生藻 *Chlorella* sp. GC，从形态学和分子生物学上对其进行了研究。*Chlorella* sp. GC 的细胞形态特征与已报道的小球藻属内种均有不同，从形态分类学角度仅能将其鉴定到小球藻属，而不能鉴定到种。我们重建了基于 *rbc*L 基因和 ITS 基因序列的系统发育树。从基于 *rbc*L 系统发育分析来看，共生藻 *Chlorella* sp. GC 与自由生活的 *C. sorokiniana* 聚在了一起，且具有较高的节点支持率，为 85%（NJ）、95%（MP）、98%（ML）和 100%（BA），两者之间表现出了较近的亲缘关系。从基于 ITS 序列的系统发育分析来看，共生藻 *Chlorella* sp. GC 与自由生活的 *C. sorokiniana* 聚在了一起，且具有极高的节点支持率，为 100%（NJ）、99%（MP）、100%（ML）和 100%（BA），两者之间表现出了密切的亲缘关系。

此外，我们比较了共生藻 *Chlorella* sp. GC 与自由生活的 *C. sorokiniana* 的核糖体 ITS2 rRNA 二级结构。两者的 ITS2 rRNA 二级结构均有 4 个螺旋，在第 2 个螺旋处均有一个嘧啶突起结构，在第 3 个螺旋处均有高度保守的序列 UGGU。两者仅有的区别是，*C. sorokiniana* 相对于 *Chlorella* sp. GC，在第 4 个螺旋处多了一个尿嘧啶。因此，共生藻 *Chlorella* sp. GC 可能是自由生活的 *C. sorokiniana* 的简单变异种。Huss 等[167]指出，来自不同藻株的 *C. sorokiniana* 的基因组碱基组成有较大的差异。

综合形态学与分子数据，我们断定壳假网衣共生藻 *Chlorella* sp. GC 属于小球藻属，推断其是由自由生活的小球藻演变而来。

地衣共生藻常常由于结构简单、体积小妨碍了对其的研究。Rikkinen[11]指出，同一种地衣可能有不同的共生藻，可能含有一种共生藻，也可能含有两种甚至三种。Yahr 等[79]通过研究指出，同一种地衣因环境、地域不同，共生藻也可能不同。Thüs 等[83]发现，同种基因型的共生藻细胞与自由生活的藻细胞在形态、大小、结构等方面有很大不同，猜测是由藻细胞“地衣化”引起的。Muggia 等[84]指出，具有可变换共生藻的地衣能更好地适应环境变化，具有更加广阔的生态分布。目前有关小球藻属形态变化与其生理之间关系的报道相对较少[168]。我们将壳假网衣共生藻 *Chlorella* sp. GC 与已报道的自由生活的 *C. sorokiniana* 的细胞[169-170]形态特征进行对比，发现 *Chlorella* sp. GC 的中央蛋白核更大、更明显，而杯状叶绿体偶尔不明显。由此推测，共生藻的叶绿体和蛋白核的形态变化是为了适应与共生菌的共生而逐步被“地衣化”[83,166]。纤毛虫[171]和水螅[172]中的共生小球藻属表现出了高度的宿主特异性，而地衣[11]中的共生藻没有表现出高度的专一性。

今后应当加强对壳假网衣等地衣共生藻的研究。而有关共生藻的交替现象及形态变化与地域环境的关系，仍有待进一步研究。

第七章 壳假网衣共生菌藻生长关系研究

在地衣中，共生菌藻之间的连接结构往往十分简单。共生菌通过伸出的吸器从共生藻细胞中获取葡萄糖等有机营养，大多数共生菌的吸器甚至不穿透共生藻细胞壁[107,173-174]。吸器偶尔也会将部分共生藻细胞致死，从而持续从中吸收剩余养分。共生菌能改变共生藻的细胞膜透性，促进其胞内养分的外渗，从而增强共生菌的吸收和利用。

共生菌藻之间的相互作用主要受到变水关系的影响[76]。大多数共生菌藻已经适应了不断的水分含量变化(失水，吸水)。在干旱胁迫下，当地衣中水分含量只有干重的10%时，大多数地衣进入生理休眠状态。在其生理休眠期，共生菌藻细胞大幅萎缩，但其膜系统相对保持完好[175-176]。在重新获得水分之后的几分钟内，共生菌藻就能重新恢复完整的代谢活动。

此外，在地衣中，共生藻细胞被菌丝组织所包围从而使其免受有害物质与外界活动所带来的影响和损伤。菌丝组织的保护能使共生藻免受强光的直接照射，有利于某些喜好弱光环境的共生藻生活；改善共生藻的水分状况，增强其抗旱能力；通过吸水与失水作用，地衣体内积累了共生藻光合作用所需的可溶性矿物。某些共生菌所产生的分泌物能增强共生藻的光合作用，从而积累更多的有利于地衣生长的碳源。当环境条件变化到只有利于共生菌藻两者中的一方时，共生菌藻之间会发生不同程度的解体。

地衣生长速度十分缓慢。地衣在不同的生长发育阶段其生长速度是不尽相同的。大多数地衣年均生长少于1 mm。树叶、土壤上的地衣往往容易被破坏，因此一般长不了很大的尺寸[177-178]。一些叶状地衣可以生长几十年甚至几个世纪，从而使地衣体能达到一个较大的直径，然而经过研究发现，这些地衣体的最老的部分已经解体或者杂草丛生，只留下近些年边缘生长的年轻部分[76]。在极端的环境条件下(炎热和寒冷)，适合地衣生长的时间往往一年中只有几天。同一种地衣在不同的气候环境下可能有不同的生长率[179-180]。目前已报道的生长最快的地衣是北太平洋沿岸的花边地衣(*Ramalina menziesii*)，年均增长 43 cm[181]。地衣生长缓慢的特点常用于冰川沉积物测年。

本研究连续6年观测壳假网衣地衣体生长与其共生藻藻层厚度的变化，比较了共生藻细胞与自由生活的藻细胞壁结构变化，以期揭示壳假网衣地衣体的生长与其共生藻藻层厚度变化之间的关系，以及共生藻细胞壁所受“地衣化”的影响。

7.1 材料与方法

7.1.1 实验材料

2007 年 10 月，从管涔山大河畔地区随机选取了 12 个直径约为 20 mm 的壳假网衣(*Propidia crustulata*)样本，对其进行编号(表 7.1)。

表 7.1 12 个样本的直径变化情况(2007—2012 年)

样本编号	最大直径(mm)						年均增长率(mm/年)
	2007	2008	2009	2010	2011	2012	
G1	20.2	20.7	21.1	21.8	22.4	23.1	0.58
G2	20.3	20.8	21.2	21.8	22.4	22.7	0.48
G3	19.6	20.3	20.9	21.4	22.0	22.4	0.56
G4	20.4	20.9	21.4	21.7	22.2	22.7	0.46
G5	20.7	21.3	21.8	22.4	23.1	23.6	0.58
G6	19.8	20.4	20.7	21.2	21.8	22.3	0.50
G7	20.8	21.5	22.1	22.4	22.9	23.1	0.54
G8	19.1	19.7	20.3	21.0	21.5	22.2	0.62
G9	21.1	21.7	22.2	22.8	23.3	23.9	0.54
G10	21.3	22.1	22.5	22.9	23.5	24.3	0.60
G11	20.1	20.3	20.9	21.4	22.1	23.0	0.56
G12	20.5	21.1	21.5	22.2	22.5	23.1	0.52

7.1.2 实验方法

7.1.2.1 地衣体直径测量

由于壳假网衣地衣体近乎圆形，其直径以游标卡尺(精准度 0.1 mm)测量得到的最大直径为准。从 2007—2012 年，每年 10 月份对编了号的 12 个壳假网衣样本的直径进行测量。

7.1.2.2 藻层细胞厚度测量

从 12 个选定的样本里随机选取 6 个样本(表 7.2)，使用奥林帕斯光学显微镜(BX51)观测共生藻藻层厚度，并记录。在测量共生藻藻层厚度时，尽量选取靠近地衣体中心的部分，并以子囊盘所处的位置作为参考从其余 5 个样品上选取相同部分。由于测量壳假网衣共生藻藻层厚度会对地衣体造成不可逆的破坏，因此本研究同时比较了未测量藻层与测量了藻层样本之间直径增长的差别。

表 7.2 6 个样本共生藻藻层厚度的变化(2007—2012 年)

样本编号	共生藻藻层厚度(mm)					
	2007	2008	2009	2010	2011	2012
PL1(G1)	55	45	31	22	9	7
PL2(G3)	51	38	28	16	7	7
PL3(G5)	53	40	30	19	13	11
PL4(G6)	57	42	35	23	10	9
PL5(G9)	53	41	31	20	7	6
PL5(G11)	54	40	30	21	11	6

注：括号内取自表 7.1 中壳假网衣样本编号。

7.1.2.3 藻细胞扫描电镜观察

用于扫描电镜观察的 *Chlorella* sp. GC 和 *C. sorokiniana* 是在相同培养条件下培养的(博讯，BSG－300，光暗比，12∶12；光照强度 2 000 lx；

温度 20℃)。*C. sorokiniana* 来自本实验室分离保存的藻种。扫描电镜的观察步骤如下:

(1)将离心后的藻细胞置于 2.5% 的戊二醛中固定过夜。

(2)使用磷酸缓冲液(0.1M, pH 值 7.4)将样品清洗 3 次,每次 15 min。

(3)使用 1% 的四氧化锇(0.1M PBS, pH 值 7.4)固定 90 min。

(4)再次使用磷酸缓冲液(0.1M, pH 值 7.4)将样品清洗 3 次,每次 15 min。

(5)用梯度浓度的乙醇溶液(50%, 70%, 80%, 90%, 100%)对样品进行脱水处理,每个浓度 20 min。然后再用 100% 乙醇处理 1 次。

(6)用体积比为 1∶1 的醋酸异戊酯与乙醇的混合液处理样品 30 min,然后用醋酸异戊酯处理样品 1h。

(7)使用 HCP-2 临界点干燥仪(日立,日本)干燥。

(8)使用 Eiko-IB5 离子溅射仪(荣光,日本)对样品进行镀膜(金)。

(9)使用 JSM-35C 扫描电子显微镜(日本电子,日本)对样品进行观察。

7.2 结果与分析

7.2.1 地衣体直径的变化

从 2007 年到 2012 年,连续 6 年的观测结果显示,壳假网衣地衣体直径年均增长 0.4~0.62 mm(图 7.1 至图 7.2)。2007 年初始测量时,地衣体直径在 19.1~21.3 mm 之间,2008 年在 19.7~21.3 mm 之间,2009 年在 20.9~22.5 mm 之间,2010 年在 21.5~23.5 mm 之间,2011 年在 22.0~23.5 mm 之间,2012 年在 22.4~24.3 mm 之间。从表 7.1 和表 7.2 可以看出,用于测量藻层的地衣体直径年均增长 0.55 mm,而未测量藻层的地衣体年均直径增长 0.54 mm,两者之间区别很小。此外,本研究将已报道的 6 种壳状地衣的平均生长率进行比较,发现多数壳状地衣的年均增长在 0.5 mm 左右(图 7.3)。

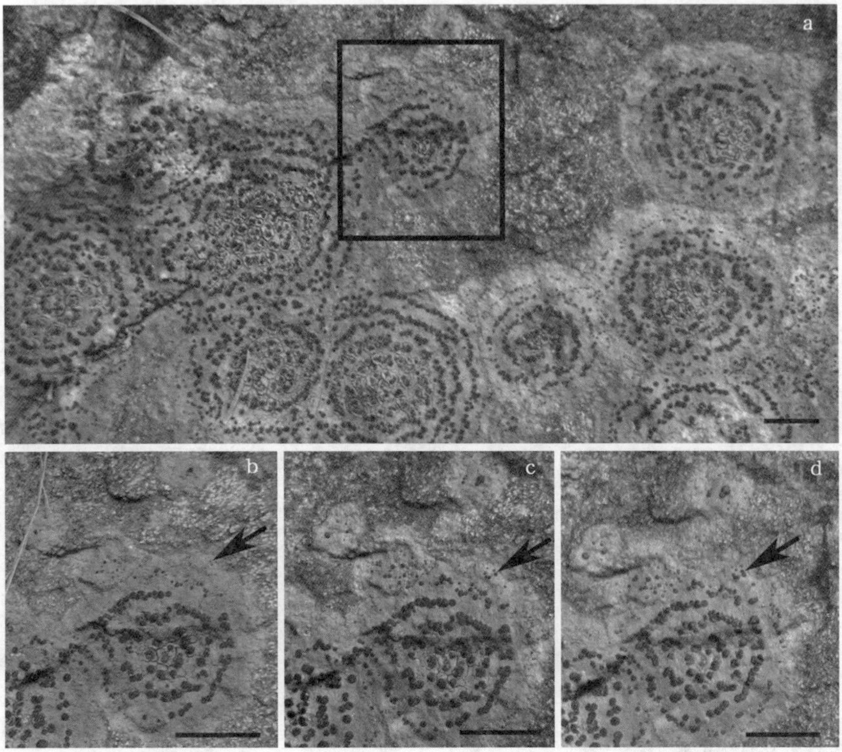

图 7.1　同一壳假网衣地衣体直径

a 图中的矩形代表用于观察地衣体直径的同一个地衣体。b，c，d 图分别是 2007 年、2009 年、2011 年同一地衣体直径的观察结果。比例尺均为 1 cm。

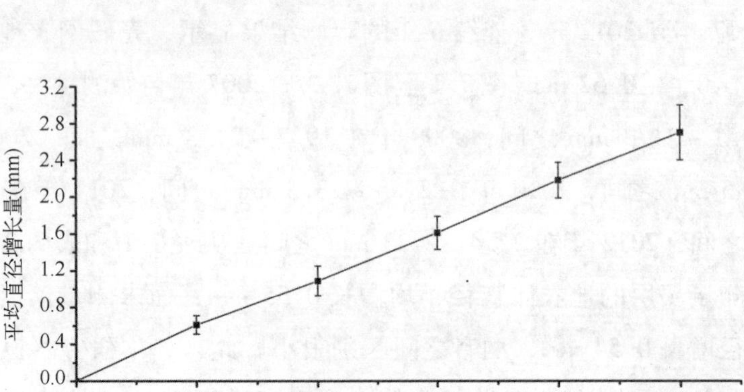

图 7.2　2007—2012 年，管涔山地区壳假网衣地衣体平均直径增长量($n = 12$)

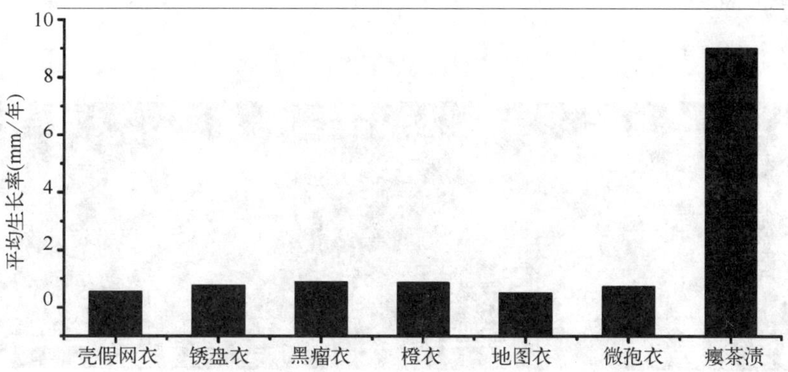

图 7.3　7 种壳状地衣的年均生长率(Sancho et al[93-94])

7.2.2　藻细胞层厚度变化

2007—2012 年，藻细胞层厚度的测量结果显示(图 7.4)，2007 年初始测量的藻层厚度在 50 ~ 58 μm 之间，2008 年在 38 ~ 45 μm 之间，2009 年在 28 ~ 35 μm 之间，2010 年在 16 ~ 23 μm 之间，2011 年在 7 ~ 13 μm 之间，2012 年的藻层厚度均小于 10 μm。

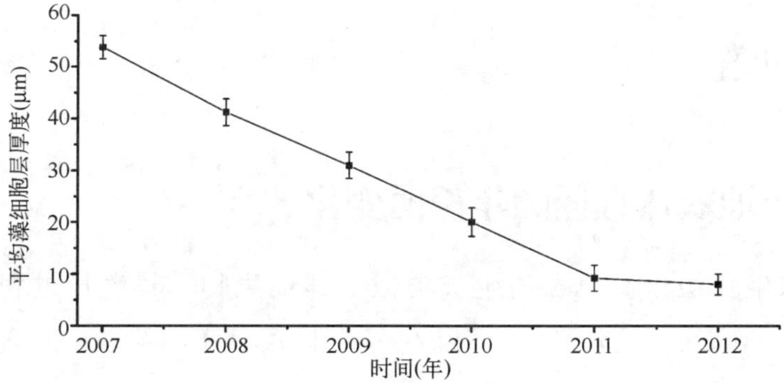

图 7.4　2007—2012 年，管涔山地区壳假网衣共生藻藻层平均厚度的变化($n=6$)

7.2.3　共生藻细胞壁扫描电镜观察

通过比较相同培养条件下的 *Chlorella* sp. GC 和 *C. sorokiniana* 藻细胞壁(放大倍率在 4 000 × 到 9 000 × 之间)发现，*C. sorokiniana* 的藻细胞壁褶

皱较多(图 7.5 – a，图 7.5 – b)，*Chlorella* sp. GC 的细胞壁相对光滑(图7.5 – c，图7.5 – d)。

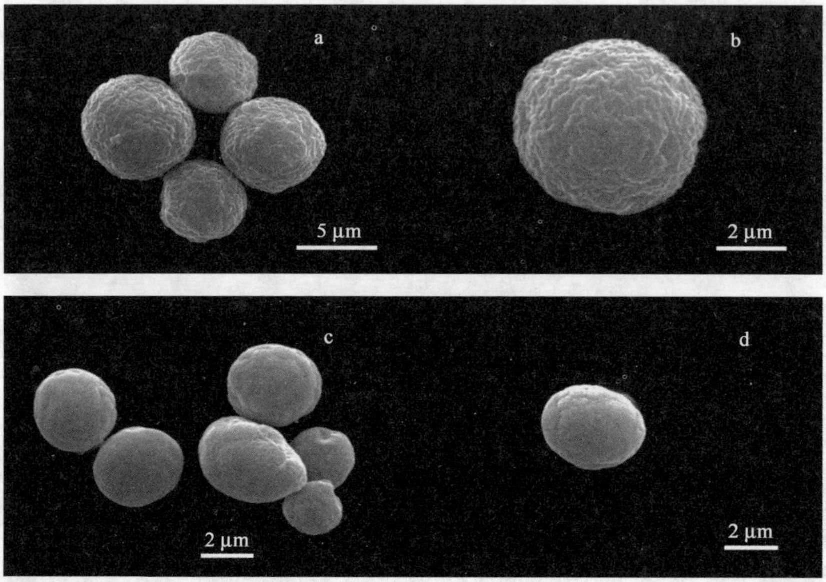

图7.5 *Chlorella* sp. GC(a，b)和 *C. sorokiniana*(c，d)的扫描电镜图

7.3 小结

7.3.1 地衣体直径随年份的变化

地衣生长缓慢。地衣的生长类似于其他生物，其生长过程可被划分为几个不同的生长阶段，达到某一生长阶段就不再生长。目前已报道的地衣体直径最大可达 50 cm。在连续 6 年的观测中，我们测得管涔山地区壳假网衣地衣体直径最大为 7.82 cm。通过对 12 个样本直径的测量和计算发现，管涔山地区壳假网衣地衣体的年平均直径增长在 0.4 ~ 0.62 mm 之间。Kappen[180-181] 指出同一种地衣在不同的气候环境下可能有不同的生长率。已报道的生长率最高的地衣是位于北太平洋沿岸的花边地衣，年均增长 43 cm[181]。壳假网衣可能在不同的地域和气候环境

下有不同的生长速率。Sancho 等[93]指出，壳状地衣的年均生长率一般低于 0. 5 mm；但有研究结果表明，瘿茶渍(*Placopsis perrugosa*)和脑纹瘿茶渍(*P. pycnotheca*)的年均增长率大于 2 cm[94,182-183]。相比较而言，管涔山地区壳假网衣相对于其他地区的壳状地衣有一个温和的生长率。

7. 3. 2　藻细胞层厚度与外界环境变化关系

大多数地衣的水分关系类似于变水植物，菌体水分完全受外界环境的影响：当空气湿润时，菌体可以从湿润的空气和雨水中迅速补充水分；当空气干燥时，水分蒸发迅速，此时菌丝和藻细胞进入休眠状态，一旦外界环境有水分补充，便可立即恢复生命活动。

Gowan[184]指出，壳假网衣的共生藻细胞层厚度为 60 ~ 65 μm，随着其地衣体的不断扩大，藻细胞层厚度慢慢变薄，越靠近地衣体中心，藻细胞层越薄。在极端的气候环境条件下(炎热和寒冷)，适合地衣生长的时间往往在一年中只有几天[76]。当外界环境不适于壳假网衣地衣体生长时，共生藻细胞层变得非常紧凑，并促使地衣体进入生理休眠。管涔山地区空气干燥，年均温度在 0℃以下，壳假网衣共生菌的有机营养主要通过共生藻提供，干旱等因素导致藻细胞层变薄。藻细胞层变薄抑制了其光合作用，有机营养物质产量减少进而影响到了地衣体的生长[185]。因此，气候因素可能是管涔山地区壳假网衣地衣体生长速率和藻细胞层厚度发生变化的重要因素。

7. 3. 3　共生藻生长过程中细胞壁的变化

Watanabe 等[186]指出，当自由生活的 *Chlorella sorokiniana* 的细胞与真菌 CSSF - 1 菌丝之间发生联系后，其细胞壁变得光滑。藻细胞在与地衣的共生中其细胞大小、蛋白核、细胞核等细胞结构可能受到“地衣化”的影响而发生改变[83, 107]，因此共生小球藻 *Chlorella* sp. GC 细胞壁变得光滑可能是受到“地衣化”的影响。*Chlorella* sp. GC 光滑的细胞壁增加了细胞吸收阳光的面积，从而增强光合作用，生产更多的有机营养。

第八章 壳假网衣共生藻抗逆性研究

地衣中的共生藻能为地衣体制造养分，而共生菌则能将外界环境中的无机盐和水分提供给共生藻。地衣有很强的适应能力，从寒冷的南北两极到炎热的撒哈拉沙漠，从平原到高山，从潮湿的土壤到干燥的岩石等均有分布。地衣是目前生物界最成功的共生关系典范。地衣中已被报道的共生藻约有 40 属 120 种，主要分布于蓝藻门(Cyanophyta)和绿藻门(Chlorophyta)，极少为褐藻门(Phaeophyta)。Honegger[76]指出地衣共生藻在受到环境变化(干旱、高温等)影响时，地衣体内的共生藻原生质体大幅萎缩，从而使地衣体进入生理休眠状态。当外界环境有利于地衣体重新生长时，其生命活动能够迅速恢复。

低温能够影响植物产量，限制其地域分布。植物在长期的进化过程中，逐渐产生了一系列适应低温的变化，以增强其抗寒性。当植物体受到低温胁迫时，细胞生物膜逐渐变为凝胶态，膜结构受到破坏，酶活性(主要是 ATP 酶)受到损害，从而引起细胞代谢活动的异常，进而伤害植物体甚至造成其死亡。当植物遭受低温伤害时，其自身物质分解或合成一些小分子物质，增加胞内的渗透调节物质含量，维持膜系统稳定性，缓解低温所造成的伤害。此外，低温胁迫会影响活性氧的产生与清除，促使氧化胁迫[187]，进而引起细胞膜脂过氧化、核苷酸损伤和蛋白质变性等现象的发生，甚至导致细胞死亡。超氧化物歧化酶是植物体内重要的抗氧化酶，能维持活性氧在植物体内的代谢平衡，减轻活性氧对植物的伤害。丙二醛(MDA)是膜脂过氧化重要的产物，其含量的变化能间接反映膜系统的损伤和抗逆性。类胡萝卜素是植物光合作用吸收光能的重要辅助色素，此外还有保护光合组织免遭破坏的重要作用[188-189]。低温胁迫下，类胡萝卜素含量越低，其耐受性越强[190]。一般认为，植物在低温胁迫下，可溶性蛋白、可溶性糖含量会有所上升，以抵抗低温对植物细胞带来的损伤[188]。

管涔山地区年平均气温低于0℃，壳假网衣长期处于低温的环境中，生长缓慢。本研究以从壳假网衣中分离的共生藻(*Chlorella* sp. GC)和小球藻属(*Chlorella*)中最常见的小球藻(*C. vulgaris*)[191-192]为研究对象，分别在5℃、10℃、15℃、20℃、25℃和30℃的培养条件下以超氧化物歧化酶活力、丙二醛含量、叶绿素a、叶绿素b、类胡萝卜素、可溶性糖含量、可溶性蛋白含量为指标，对比共生藻和小球藻两者之间的差别，以期了解壳假网衣共生藻在低温胁迫下的响应机制和适应机制，为今后从地衣中筛选抗逆性藻株的生理指标提供参考。

8.1　材料与方法

8.1.1　实验材料

共生藻分离自壳假网衣，经过分离纯化后保存于本实验室。小球藻来自于本实验室保存的藻种。

8.1.2　实验方法

在250 mL的三角瓶中加入150 mL已灭菌的BG11培养液(pH值7.5)，接种1 mL的藻液，其中共生藻和小球藻的初始接种浓度分别为3.8×10^6个/mL和4.1×10^6个/mL。本试验设置6个温度梯度，分别为5℃、10℃、15℃、20℃、25℃和30℃，在人工气候箱(博讯，BSG-300)中培养，每个温度设置3个平行，光暗比为12∶12，光照强度2 000 lx。

8.1.3　OD值与细胞密度测定

取共生藻和小球藻藻液，以未接藻液的BG11培养基为对照，用紫外可见分光光度计(上海光谱，SP－752)进行最大吸收峰的波长扫描，两者的最大吸收波长均为672 nm。选取同一细胞生长过程中不同浓度的共生藻藻液，用血球计数板计数并测量 OD_{672} 的值，建立细胞密度与 OD_{672} 之间的回归方程。

8.1.4　光合色素测定

每隔3日定时取2 mL藻液，收集藻细胞，在高速台式冷冻离心机(安亭，TGL－16G－C)中离心(1 360 g，15 min，10℃)，弃上清液，加入无水乙醇充分混匀，黑暗中室温静置抽提24 h。1 360 g离心10 min后，取上清液静置，以无水乙醇作对照，用紫外可见分光光度计分别测定提取液在649 nm、665 nm和470 nm波长处的吸光值。根据文献[193]中的公式计算叶绿素a、叶绿素b和类胡萝卜素的浓度，单位mg/mL。

8.1.5　丙二醛含量测定

丙二醛的含量使用南京建成生物工程公司的MDA酶标法试剂盒进行测定。在0 d、3 d、6 d、9 d、12 d分别取5 mL藻液在高速台式冷冻离心机(安亭，TGL－16G－C)中离心(1 360 g，15 min，10℃)，弃上清液，加入1 mL PBS(pH值7.2、0.05 mol/L)，在细胞破碎仪(新芝，JY92－II)中进行破碎(功率600 W，工作8 s，间隙5 s，20 min)。冷冻离心10 min(822 g，4℃)。取50 μL上清液，加入1 000 μL工作液混匀，标准管和空白光各做1孔。95℃水浴20 min，取出后冷却，在530 nm处用多功能酶标仪(MD，SpectraMax－M5)扫描酶标板空板，准确吸取250 μL反应液，用酶标仪测各孔吸光度。最后按照试剂盒说明书提供的计算公式进行计算。

8.1.6　超氧化物歧化酶测定

超氧化物歧化酶使用南京建成生物工程公司的WST－1法测定试剂盒进行测定。在0 d、3 d、6 d、9 d、12 d分别取5 mL藻液在高速台式冷冻离心机中离心(1 360 g，15 min，10℃)，弃上清液，加入1 mL PBS(pH值7.2、0.05 mol/L)，在细胞破碎仪(新芝，JY92－II)中进行破碎(功率

600 W，工作 8 s，间隙 5 s，20 min）。冷冻离心 10 min（822 g，4℃），取 20 μL 上清液，加入 20 μL 酶工作液和 200 μL 底物应用液。对照，对照空白，测定空白各做 1 孔，其中对照为未加待测样本，对照空白为未加待测样本及酶工作液，测定空白为未加酶工作液。37℃恒温培养箱（博讯，HPX－9052MBE）中温浴 20 min，在 450 nm 处用多功能酶标仪（MD，SpectraMax－M5）测各孔吸光度。最后按照试剂盒说明书提供的计算公式进行计算。

8.1.7　可溶性糖含量测定

采用蒽酮法测定可溶性糖含量。吸取浓度为 0 μg/mL、10 μg/mL、20 μg/mL、30 μg/mL、40 μg/mL、60 μg/mL、80 μg/mL 的标准葡萄糖液各 1 mL，加蒽酮试剂 4 mL，各管快速摇匀后立即沸水浴 10 min。取出后冷却，以空白（未加样本）作对照，用多功能酶标仪测定其在 620 nm 波长下的吸光度。以吸光度为纵坐标，可溶性糖含量为横坐标，绘制标准曲线。

在 0 d、3 d、6 d、9 d、12 d 分别取 5 mL 藻液在高速台式冷冻离心机中离心（1 360 g，15 min，10℃），弃上清液，加入 1 mL PBS（pH 值 7.2、0.05 mol/L），在细胞破碎仪中进行破碎（功率 600 W，工作 8 s，间隙 5 s，20 min）。冷冻离心 10 min（822 g，4℃）。取 200 μL 上清液，加入 800 μL 蒽酮试剂，空白做 1 孔。沸水浴 10 min，取出后冷却，在 620 nm 处用多功能酶标仪测其孔吸光度。

可溶性糖含量（%）$= (C \times V_{总} \times D) / W \times V_{测} \times 10^6 \times 100$

式中，C 为由标准曲线所得的糖含量（μg）；$V_{总}$ 为提取液总体积（mL）；D 为稀释倍数；W 为样品重量（g）；$V_{测}$ 为吸取的提取液体积（mL）。

8.1.8　可溶性蛋白含量测定

可溶性蛋白含量使用南京建成生物工程公司的蛋白定量测试试剂盒（考马斯亮蓝法）进行测定。在 0 d、3 d、6 d、9 d、12 d 分别取 5 mL 藻液在高速台式冷冻离心机中离心（1 360 g，15 min，10℃），弃上清液，加入 1 mL PBS（pH 值 7.2、0.05 mol/L），在细胞破碎仪中进行破碎（功率

600 W，工作 8 s，间隙 5 s，20 min）。冷冻离心 10 min（822 g，4℃），取 50 μL 上清液，加入 3 mL 的考马斯亮蓝应用液，混匀，静置 10 min 后精确吸取 250 μL 混匀液加入酶标板。标准管和空白管各做 1 孔。在 595 nm 处用多功能酶标仪测各孔吸光度。最后按照试剂盒说明书提供的计算公式进行计算。

8.2 结果与分析

8.2.1 OD 值与细胞密度的线性关系

共生藻（图 8.1）和小球藻（图 8.2）细胞密度与光密度 OD_{672} 之间呈现良好的线性关系。其中共生藻对应的回归方程为：$OD_{672}=0.026\ 03x+0.000\ 3$，

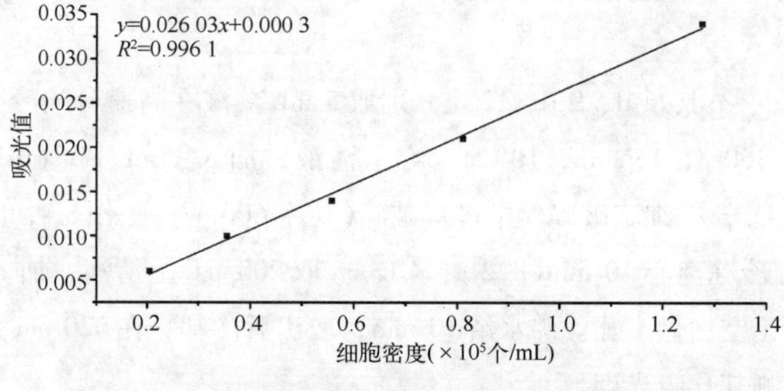

图 8.1　吸光值与共生藻细胞密度的标准曲线

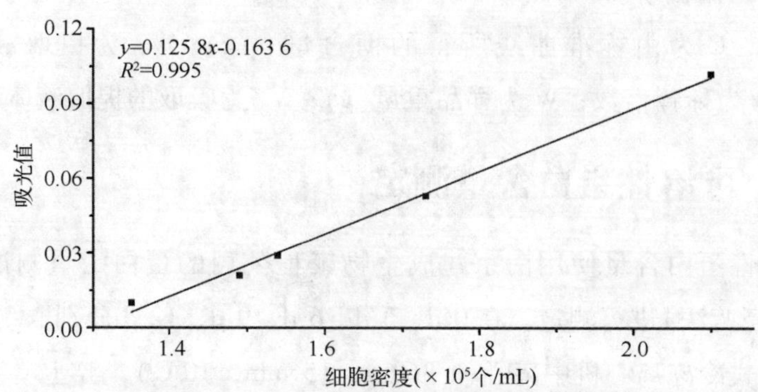

图 8.2　吸光值与小球藻细胞密度的标准曲线

$R^2 = 0.996\ 1$；小球藻对应的回归方程为：$OD_{672} = 0.125\ 8x - 0.163\ 6$，$R^2 = 0.995$。因此可以通过测定光密度 OD_{672} 来推算出细胞密度值。由图 8.3 可知，共生藻与小球藻在 5℃、10℃、15℃下培养 12 d 后，细胞密度没有明显变化，说明低温影响了细胞的代谢活力，降低了核分裂。因此，适合共生藻培养的最适温度为 30℃，适合小球藻培养的最适温度为 20℃。

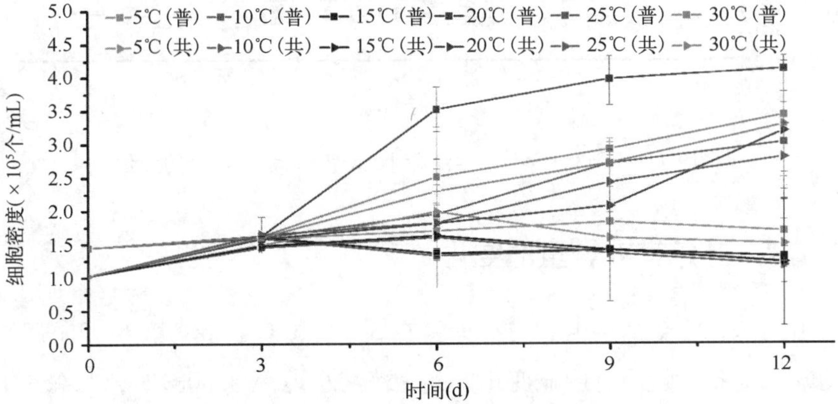

图 8.3　不同温度下共生藻与小球藻的细胞密度

"普"代表小球藻，"共"代表共生藻，下同。

8.2.2　不同温度对光合色素含量的影响

8.2.2.1　叶绿素 a 含量的变化

由图 8.4 可知，共生藻与小球藻在 5℃、10℃、15℃下培养 12 d 后，两者的叶绿素 a 含量没有明显变化。在温度较低的情况下，两者的细胞代谢活动减缓，光合作用效率降低。共生藻在 30℃时，叶绿素 a 含量有一个明显的上升阶段，随后缓缓降低；20℃时，叶绿素 a 含量呈现稳步上升，第 12 d 时的叶绿素 a 含量与 30℃时的相当。小球藻在 20℃时，叶绿素 a 含量最高。

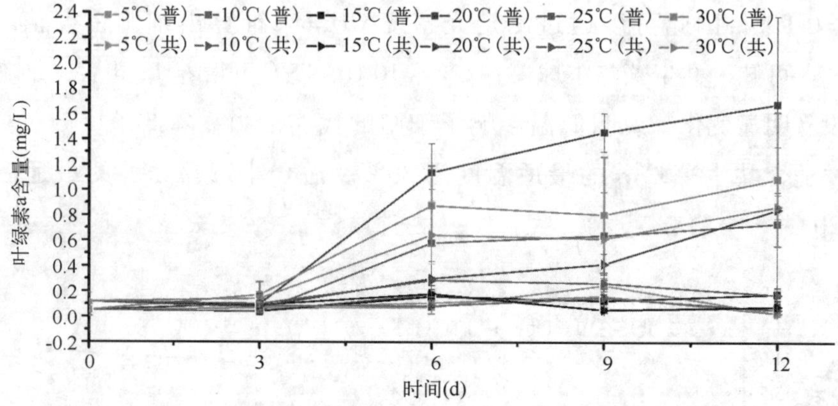

图 8.4　不同温度下共生藻和小球藻叶绿素 a 含量的变化

8.2.2.2　叶绿素 b 含量的变化

由图 8.5 可知，共生藻与小球藻在 5℃、10℃、15℃培养 12 d 后，两者的叶绿素 b 含量没有明显变化。共生藻与小球藻在 30℃时，叶绿素 b 含量有一个明显的上升阶段，随后缓缓降低。共生藻在 20℃时，叶绿素 b 含量呈现稳步上升，第 12 d 时的叶绿素 b 含量与 30℃时的相当。小球藻在 20℃时的叶绿素 b 含量最高。

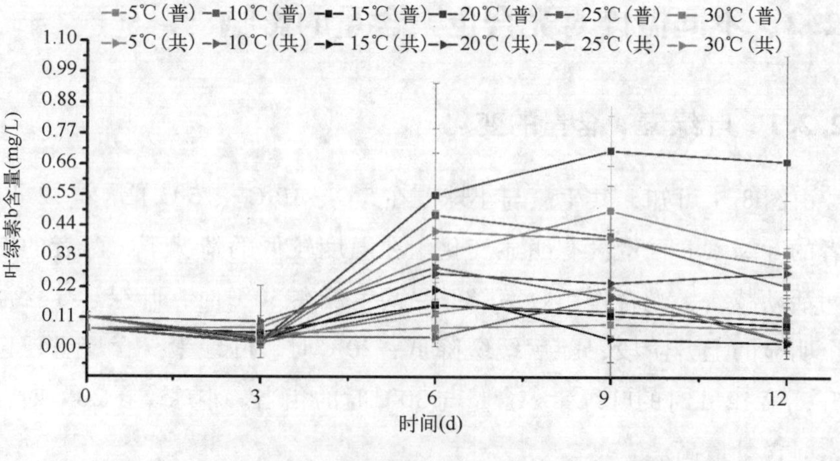

图 8.5　不同温度下共生藻和小球藻叶绿素 b 含量的变化

8.2.2.3　类胡萝卜素含量的变化

由图 8.6 可知，共生藻与小球藻在 5℃、10℃和 15℃下培养 12 d 后，两者的类胡萝卜素含量变化不明显。共生藻在 0 d 时，类胡萝卜素含量高于相同培养条件下的小球藻，培养 12 d 后，共生藻的类胡萝卜素含量低于小球藻。低温胁迫下，类胡萝卜素含量越低，表明其耐受性越强。由此可见，共生藻对低温有更强的耐受性。共生藻在 20℃和 30℃时，类胡萝卜素含量均增加。小球藻在 20℃时，类胡萝卜素含量最高。

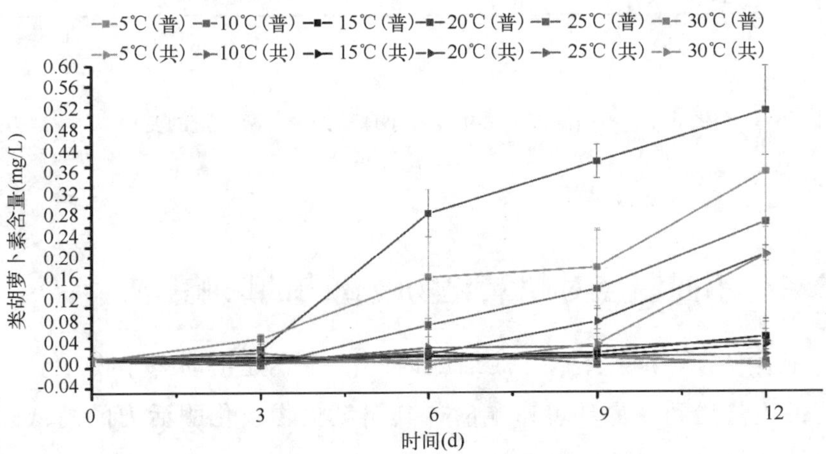

图 8.6　不同温度下共生藻和小球藻类胡萝卜素含量的变化

8.2.3　不同温度对丙二醛含量的影响

丙二醛是一种膜脂过氧化终产物，其含量的变化是考察细胞所受胁迫程度的指标之一。由图 8.7 可知，共生藻在 5℃和 10℃的低温条件下培养 3 d 后，丙二醛含量均少于相同培养条件下的小球藻。丙二醛含量的迅速上升表明，在 5℃和 10℃的低温条件下，小球藻相对于共生藻受到了更大的损伤。当共生藻摆脱“地衣化”的影响而自由生活时，其含量变化逐步与小球藻趋于一致。因此共生藻在与壳假网衣的长期共生中，可能逐渐建立起适应了管涔山地区寒冷气候的适应机制。

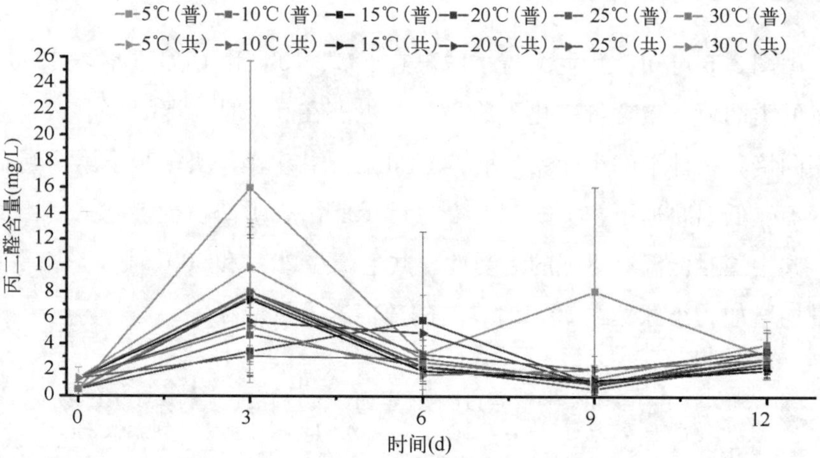

图 8.7　不同温度下共生藻和小球藻中丙二醛含量的变化

8.2.4　不同温度对超氧化物歧化酶的影响

在适宜的培养条件下，藻细胞内的活性氧处于动态平衡中。当藻细胞的生长受到外界环境影响时，其超氧化物歧化酶活力的高低间接反映了机体清除活性氧自由基的能力。共生藻在 0 d 时，超氧化物歧化酶活力远远高于小球藻，随着培养天数的增加和共生藻摆脱“地衣化”的影响而自由生活，两者的超氧化物歧化酶活力趋向一致(图 8.8)。此外，本研究比较了相同温度培养条件下共生藻和小球藻细胞经过 12 d后超氧化物歧化酶活力的平均值，发现各个温度下共生藻超氧化物歧化酶活力均比小球藻高(图 8.9)。共生藻在与壳假网衣长期的共生中，其超氧化物歧化酶含量远远高于小球藻，可能与其被“地衣化”影响有关。为了更好地适应共生关系，共生藻有着更强的活性氧自由基清除能力。

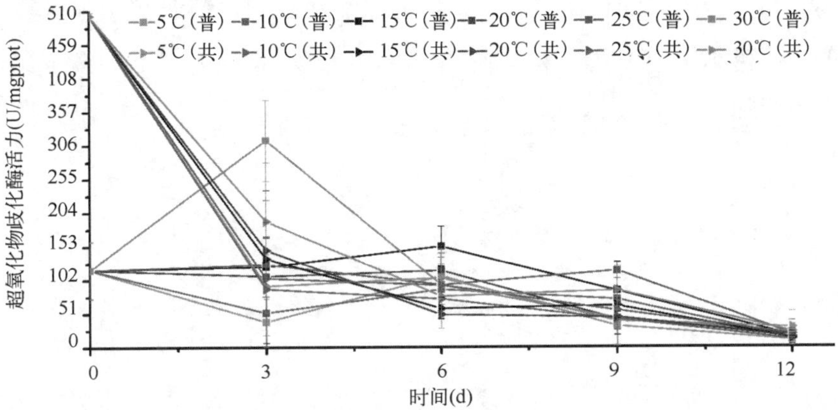

图 8.8　不同温度下共生藻和小球藻超氧化物歧化酶活力的变化

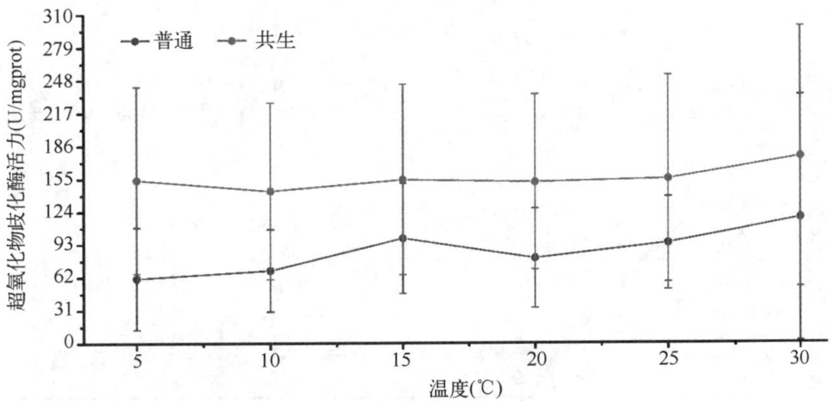

图 8.9　不同温度培养 12 d 后共生藻和小球藻的超氧化物歧化酶活力

8.2.5　不同温度对可溶性糖含量的影响

可溶性糖是植物细胞重要的渗透调节物质，对细胞质胶体和细胞液有重要的作用。一般认为，植物细胞可溶性糖含量的高低与其抗寒性正相关[171]。可溶性糖含量的标准曲线见图 8.10。本研究显示，共生藻在 0 d 时，可溶性糖含量远远高于小球藻，随着培养天数的增加和共生藻摆脱“地衣化”而自由生活，不同温度下，两者的可溶性糖含量变化趋向一致(图 8.11)。此外，本试验比较了相同温度下的共生藻和小球藻细胞经过 12 d 后的可溶性糖含量的平均值，发现在各温度下，共生藻的可溶性糖含量均比小球藻高(图 8.12)。由此可见，共生藻对低温有更强的耐受性。共生藻在与壳假网衣的长期共生中，可能逐渐建立起适应管涔山地区寒冷气候的适应机制。

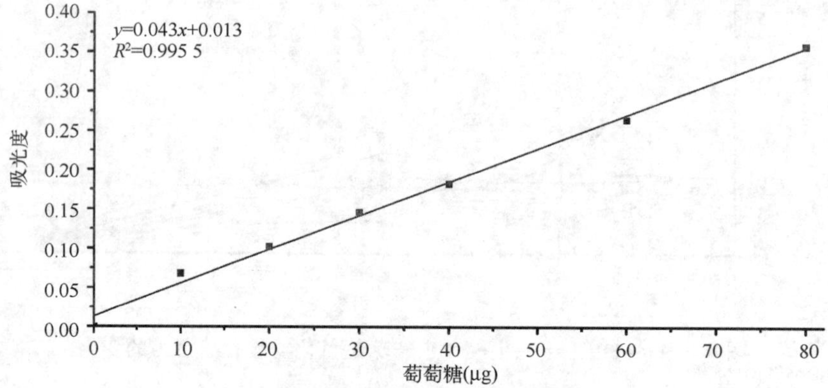

图 8.10　吸光度与葡萄糖含量的标准曲线

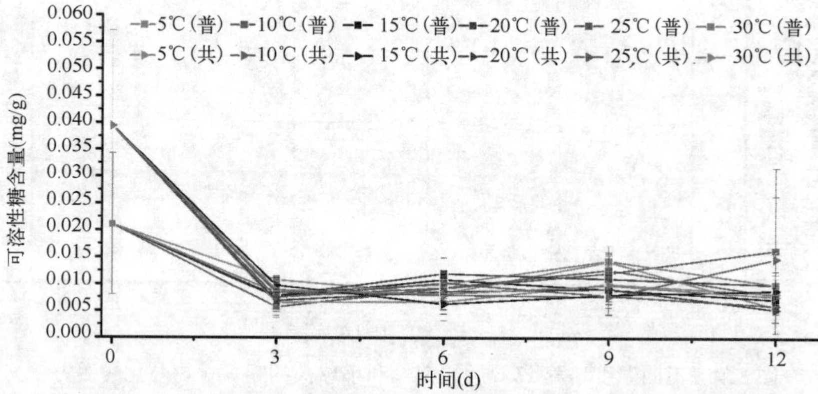

图 8.11　不同温度下共生藻和小球藻细胞的可溶性糖含量的变化

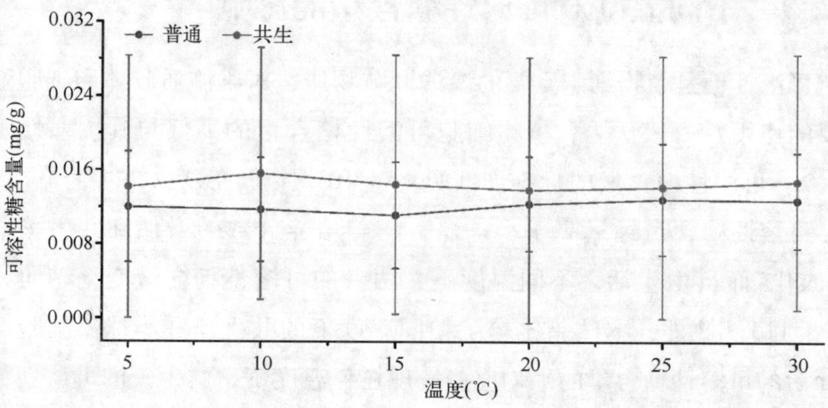

图 8.12　不同温度培养 12 d 后共生藻和小球藻细胞的可溶性糖含量

8.2.6　不同温度对可溶性蛋白含量的影响

通常认为，植物细胞内的可溶性蛋白含量与其抗寒性密切相关。可溶性蛋白含量的增加有利于提高植物体的抗寒性。本研究显示，共生藻和小球藻在5℃和10℃下培养12 d后，可溶性蛋白含量均有所提高，但共生藻的可溶性蛋白含量远远低于相同温度条件下的小球藻(图8.13)。共生藻在与壳假网衣的长期共生中可能逐渐建立起适应了管涔山地区寒冷气候的适应机制，因此，经过低温培养后，其可溶性蛋白含量变化远远小于小球藻。

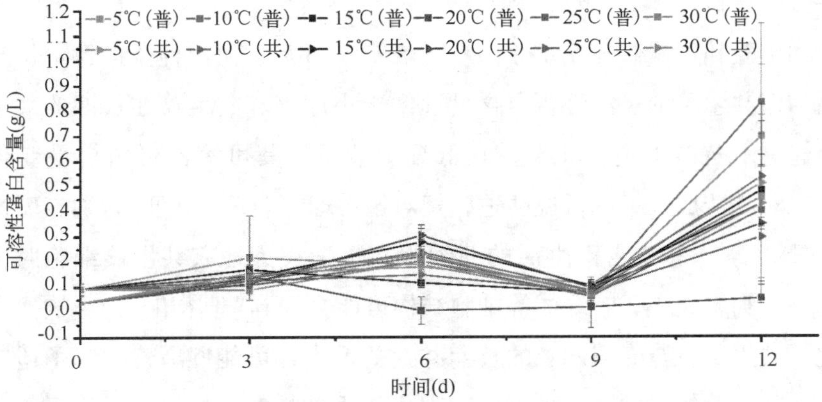

图8.13　不同温度培养条件下共生藻和小球藻可溶性蛋白含量的变化

8.3　小结

低温降低了细胞的代谢活力[188]，共生藻与小球藻在5℃和10℃下培养12 d后，其细胞密度变化不大。共生藻的最佳培养温度是20～30℃；小球藻的最佳培养温度是20℃。叶绿素a含量的高低可以间接反映藻细胞生物量的大小。本研究中，叶绿素a的含量变化与细胞密度变化基本相同。共生藻在0 d时，类胡萝卜素含量高于相同培养条件下的小球藻，培养12 d后，共生藻的类胡萝卜素含量反而低于小球藻。低温胁迫下，类胡萝卜素含量越低，其耐受性越强。由此可见，共生藻对低温有更强的耐受性。

共生藻在0 d时，超氧化物歧化酶活力远远高于小球藻，可能与其长时间受壳假网衣的影响有关。共生藻表现出更强的活性氧自由基清除能力。随着培养时间的增加，不同温度下，两种藻细胞的超氧化物歧化酶活力变化趋于一致。不同温度培养下，共生藻的超氧化物歧化酶活力呈下降趋势，可能与其逐步摆脱“地衣化”影响而自由生活有关。

共生藻在5℃和10℃的低温条件下，培养3 d后，丙二醛含量均少于相同培养条件下的小球藻。丙二醛含量的迅速上升表明，在5℃和10℃的低温条件下，小球藻相对于共生藻受到了更大的损伤。随着培养天数的增加和共生藻摆脱“地衣化”的影响而自由生活，两种藻细胞的丙二醛含量趋向一致。

共生藻和小球藻在5℃和10℃下培养12 d后，可溶性蛋白含量均有所提高，但共生藻的可溶性蛋白含量远低于小球藻。共生藻在长期的共生关系中建立了抗寒的适应机制，在低温影响下，其可溶性蛋白含量变化较小，未对其造成较大的低温胁迫，相对于小球藻表现出了更好的抗寒性。

Thus 等[83]指出自由生活的藻细胞在逐渐成为地衣共生藻细胞时，其细胞核、细胞大小、叶绿体等细胞结构可能会受到“地衣化”的影响而发生变化。共生藻在与壳假网衣的长期共生关系中，可能逐渐建立起了适应管涔山地区寒冷气候的适应机制，表现出较强的抗寒、抗逆性。今后，我们应该加强对地衣共生藻的研究，以期从中发现抗逆性优良的藻株，并将其运用到生产中去，以提高人们的生活质量。

参考文献

[1] Kirk PM, Cannon PF, Minger DW, et al. Dictionary of the fungi, 10th edn. Oxford: CAB International, 2008.

[2] Honegger R. Simon Schwender(1829—1919) and the dual hypothesis in lichens. Bryologist, 2000, 103(2): 3 - 13.

[3] 陈健斌. 地衣二元性及其概念的双重理解与思考. 生物多样性, 1994, 2(4): 228 - 230.

[4] Nash TH Ⅲ. Lichen sensitivity to air pollution// Nash TH Ⅲ(ed). Lichen biology, 2nd edn. Cambridge: Cambridge University Press, 2008: 219 - 314.

[5] 魏江春. 菌物学大全. 北京: 科学出版社, 1998: 445 - 548.

[6] 魏江春. 地衣、真菌和菌物的研究进展. 生物学通报, 1998, 12(3): 2 - 5.

[7] 牛东玲, 王立松, 张颖君, 等. 地衣次生代谢产物及其生物活性研究进展. 天然产物研究与开发, 2007, 19(6): 1079 - 1086.

[8] Linnaeus C. Species plantarum. Berlin: Impensis GC Nauk, 1800.

[9] 刘丽燕. 新疆网衣属地衣的初步研究. 乌鲁木齐: 新疆大学, 2006.

[10] Treub M. Onderzoekingen over de natuur der lichenen. Leiden: Dissertation Leiden University, 1873.

[11] Rikkinen J. What's behind the pretty colors? A study on the photobiology of lichens. Bryobrothera, 1995, 4: 1 - 239.

[12] Nelsen MP, Plata ER, Andrew CJ, et al. Phylogenetic diversity of *trentepohlialean* algae associated with lichen - forming fungi. J Phycol, 2011, 47(2): 282 - 290.

[13] 吕蕾. 中国西部茶渍属地衣的研究. 济南: 山东师范大学, 2011.

[14] 魏江春. 中国地衣综览. 北京：世界图书出版公司, 1991：1－285.

[15] 李时珍. 本草纲目(上、下). 北京：人民卫生出版社, 1982：838－874.

[16] 刘华杰, 贾泽峰, 任强, 等. 中国地衣学现状与潜力——祝贺魏江春院士八旬华诞地衣学文集. 北京：科学出版社, 2011：22－28.

[17] 陆定安. 中国地衣杂录——脐衣科(Umbilicariaceae). 植物分类学报, 1959, 8(2)：173－178.

[18] 魏江春. 奇妙的地衣. 生命世界, 1977(3)：18.

[19] 李天庆. 地衣对空气氟污染的指示作用 I：空气氟污染与地衣生态地植物学的关系. 北京林业学院学报, 1979(1)：127－137.

[20] 魏江春. 地衣名词及名称. 北京：科学出版社, 1980：1－70.

[21] 赵继鼎, 徐连旺, 孙曾美. 中国地衣初编. 北京：科学出版社, 1982：1－151.

[22] 魏江春, 等. 中国药用地衣. 北京：科学出版社, 1982：1－65.

[23] 魏江春, 姜玉梅. 西藏地衣. 北京：科学出版社, 1986：1－30.

[24] 吴金陵. 中国地衣植物图鉴. 北京：中国展望出版社, 1987：1－236.

[25] 阿不都拉·阿巴斯, 吴继农. 新疆地衣. 乌鲁木齐：新疆科技卫生出版社, 1998：1－178.

[26] Chen JB, Wang DP. The lichen family Physciaceae (Ascomycota) in China I. the genus *Anaptychia*. Mycotaxon, 1999, 73：335－342.

[27] 郭守玉. 中国石蕊属地衣的地理学分析. 菌物系统, 2001, 19(2)：193－199.

[28] Liu HJ, Wei JC. Taxonomic revision of six taxa in the lichen genus *Collema* from China. Mycotaxon, 2003, 86：349－358.

[29] Huang MR, Wei JC. Overlooked taxa of *Stereocaulon* (Stereocaulaceae, Lecanorales) in China. Nova Hedwigia, 2006, 82(3/4)：435－445.

[30] Wei XL, Wei JC. Taxonomic study on lichen genus *Hypogymnia* in China (1). Lichenology, 2007, 6(2)：160.

[31] Zhou QM, Wei JC. A new order Umbilicariales J. C. Wei & Q. M. Zhou (Ascomycota). Mycosystema, 2007, 26(1)：40－45.

[32] Jia ZF, Wei JC. *Graphis fujianensis*, a new species of Graphidaceae from China. Mycotaxon, 2008, 104：107－109.

[33] 吴继农, 刘华杰. 中国地衣志——地卷目(Ⅰ). 北京：科学出版社, 2012.

[34] 谢树莲, 程巧梅. 山西地衣植物初报. 山西大学学报(自然科学版), 1990, 13

(4)：446－449.

[35] 刘晓玲，谢树莲．关帝山地衣初报．山西大学学报(自然科学版)，2002，25(1)：92－94.

[36] 李博，谢树莲．历山自然保护区地衣初步研究．山西大学学报(自然科学版)，2007，30(S1)：145－149.

[37] 李博，谢树莲，刘晓铃，等．管涔山林区地衣研究．山西大学学报(自然科学版)，2010，33(2)：274－278.

[38] 张颖．石耳目、科、属表基系统生物学及其对普通系统生物学的意义．泰安：山东农业大学，2012.

[39] Blum OB, Kashevarov GP. The DNA homologies as a proof of the legitimacy of the establishment of the lichen genera *Lasallia Merat* (Umbilicariaceae). Dopovidi Akademii Nauk RSR Seriya B, 1986, 12: 58－61.

[40] White YJ, Bruns T, Lee S, et al. Amplication and directsequencing of fungal ribosomal RNA genes for phylogenetics//Innis MA, Gelfand DH, Sninsky JJ, White TJ(eds.) PCR protocols: A guide to methods and applications. San Diego: Academic Press, 1990.

[41] Armaleo D, Clerc P. Lichen chimeras: DNA analysis suggests that one fungus forms two morphotypes. Exp Mycol, 1991, 15(1): 1－10.

[42] DePriest PT, Been MD. Numberous group I introns with variable distributions in the rDNA of a lichen fungus. J Mol Biol, 1992, 228(2): 315－321.

[43] DePriest PT. Small subunit rDNA variation in a population of lichen fungi due to optional group I introns. Gene, 1993, 134(1): 67－74.

[44] DePriest PT. Variation in the *Cladonia* chlorophaea complex Ⅱ: Ribosomal DNA variation in a Southern Appalachian population. The Bryologist, 1994, 89: 123－131.

[45] Gargas A, Taylor JW. Polymerase chain reaction(PCR) primers for amplifying and sequencing nuclear 18S rDNA from lichenized fungi. Mycologia, 1992, 84: 589－592.

[46] Gardes M, Bruns TD. ITS primers with enhanced specificity for basidiomycetes application to the identification of mycorrhizae and rusts. Mol Ecol, 1993, 2(2): 113－118.

[47] Niu YC, Wei JC. Variations in ITS2 sequences of nuclear rDNA from two *Lasallia* species and their systematic significance. Mycosystema, 1993, 6: 25－29.

[48] Egger KN. Molecular analysis of ectomycorrhizal fungal communities. Can J Bot, 1995,

73(S1): 1415 - 1422.

[49] Vilgalys R, Hester M. Rapid genetic identification and mapping of enzymatically amplified ribosomal DNA from several *Cryptococcus* species. J Bacteriol, 1990, 172(8): 4238 - 4246.

[50] Vilgalys R. Conserved primer sequences for PCR amplification and sequencing from nuclear ribosomal RNA. North Carolina: Duke University, 2000.

[51] Gargas A, Taylor JW. Phylogeny of discomycetes and early radiations of the apothecial Ascomycotina inferred from SSU rDNA sequence data. Exp Mycol, 1995, 19(1): 7 - 15.

[52] Groner U, LaGreca S. The "Mediterranean" *Ramalina panizzei* north of the Alps: morphological, chemical and rDNA sequence data. Lichenologist, 1997, 29(5): 441 - 454.

[53] Lohtander K, Källersjö M, Tehler A. Dispersal strategies in *Roccellina capensis* (Arthoniales). Lichenologist, 1998, 30(4/5): 341 - 350.

[54] Lohtander K, Myllys L, Sundin R, et al. The species pair concept in the lichen *Dendrographa leucophaea* (Arthoniales): Analyses based on ITS sequences[J]. Bryologist, 1998, 101(3): 404 - 411.

[55] Murtagh GJ, Dyer PS, McClure PC, et al. Use of randomly amplified polymorphic DNA markers as a tool to study variation in lichen - forming fungi. Lichenologist, 1998, 31(3): 257 - 267.

[56] Heibel E, Lumbsch HT, Schmitt I. Genetic variation of *Usnea filipendula* (Parmeliaceae) populations in Western Germany investigated by RAPDs suggest reinvasion from various sources. Am J Bot, 1999, 86(5): 753 - 757.

[57] Zoller S, Lutzoni F, Scheidegger C. Genetic variation within and among populations of the threatened lichen *Lobaria pulmonaria* in Switzerland and implications for its conservation. Mol Ecol, 1999, 8(12): 2049 - 2059.

[58] Platt JL, Spatafora JW. A re - examination of generic concepts of Baeomycetoid lichens based on phylogenetic analyses of nuclear SSU and LSU ribosomal DNA. Lichenologist, 1999, 31(5): 409 - 418.

[59] Walser JC, Sperisen C, Soliva M, et al. Fungus - specific microsatellite primers of lichens: Application for the assessment of genetic variation on different spatial scales in

Lobaria pulmonaria. Fung Genet Biol, 2003, 40(1): 72 – 82.

[60] Fu SB, Wei JC. Molecular evidence for common descent of true fungi. Mycosysterma, 2008, 27: 217 – 223.

[61] Bayerova S, Kukwa M, Fehrer J. A new species of *Lepraria* (Lichenized ascomycetes) from Europe. Bryologist, 2005, 108(1): 131 – 138.

[62] Vondrak J, Khodosovtsev A, Riha P. *Caloplaca concreticola* (Teloschistaceae), a new species from anthropogentic substrata in Eastern Europe. Lichenologist, 2008, 40(2): 97 – 104.

[63] Williama CB, Tibell L. *Calicium sequoiae*, a new lichen species from north – western California, USA. Lichenologist, 2008, 40(3): 185 – 194.

[64] Guzow – Krzemińska B, Węgrzyn G. A preliminary study on the phylogeny of the genus *Melanelia* using nuclear large subunit ribosomal DNA sequences. Lichenologist, 2003, 35(1): 83 – 88.

[65] Muggia L, Gueidan C, Perlmutter GB, et al. Molecular data confirm the position of *Flakea papillata* in the Verrucariaceae. Bryologist, 2009, 112(3): 538 – 543.

[66] Wedin M, Tehler A, Gargas A. Phylogenetic relationships of Sphaerophoraceae (Ascomycetes) inferred from SSU rDNA sequences. Plant Syst Evol, 1998, 209(1/2): 75 – 83.

[67] Helms G, Friedl T, Rambold G. Phylogenetic relationships of the Physciaceae inferred from rDNA sequence data and selected phenotypic characters. Mycologia, 2003, 95(6): 1078 – 1099.

[68] Miadlikowska J, Lutzoni F, Goward T, et al. New approach to an old problem: Incorporating signal from gap – rich regions of ITS and rDNA large subunit into phylogenetic analyses to resolve the *Peltigera canina* species complex. Mycologia, 2003, 95(6): 1181 – 1203.

[69] Tibell L. Tholurna dissimilis and generic delimitations in Caliciaceae inferred from nuclear ITS and LSU rDNA phylogenies (Lecanorales, lichenized ascomycetes). Mycol Res, 2003, 107(12): 1403 – 1418.

[70] Lindblom L, Ekman S. New evidence corroborates population differentiation in *Xanthoria parietina*. Lichenologist, 2007, 39(3): 259 – 271.

[71] Naesborg RR. Taxonomic revisio of the *Lecaniacyrtella* group based on molecular and morphological evidence. Mycologia, 2008, 100(3): 397 – 416.

[72] Piercey - Normore MD, Ahti T, Goward T. Phylogenetic and haplotype analyses of four segregates within *Cladonia arbuscula* s. l. Botany, 2010, 88(4): 397 - 408.

[73] Honegger R. The lichen symbiosis—what is so spectacular about it? Lichenologist, 1998, 30(3): 193 - 212.

[74] Nelsen MP, Lücking R, Grube M, et al. Unravelling the phylogenetic relationships of lichenised fungi in Dothideomyceta. Stud Mycol, 2009, 64(1): 135 - 144.

[75] Friedl T, Büdel B. Photobionts//Nash TH Ⅲ (ed). Lichen biology, 2nd edn. Cambridge: Cambridge University Press, 2008: 9 - 26.

[76] Honegger R. The symbiotic phenotype of lichen - forming ascomycetes and their endo - and epibionts// B. Hock(ed.). Fungal associations, the Mycota Ⅸ, 2nd edn. Berlin: Springer Heidelberg, 2012: 287 - 339.

[77] Ahmadjian V. The lichen alga *Trebouxia*: does it occur free - living? Plant Syst Evol, 1988, 158(2/3/4): 243 - 247.

[78] Renner B, Galloway DJ. Phycosymbiodemes in Pseudocyphellaria in New Zealand. Mycotaxon, 1982, 16(1): 197 - 231.

[79] Yahr R, Vilgalys R, DePriest PT. Geographic variation in algal partners of *Cladonia subtenuis* (Cladoniaceae) highlights the dynamic nature of a lichen symbiosis. New Phytol, 2006, 171(4): 847 - 860.

[80] Nelsen MP, Gargas A. Dissociation and horizontal transmission of codispersing lichen symbionts in the genus *Lepraria*(Lecanorales: Stereocaulaceae). New Phytol, 2008, 177(1): 264 - 275.

[81] Muggia L, Baloch E, Stabentheiner E, et al. Photobiont association and genetic diversity of the optionally lichenized fungus *Schizoxylon albescens*. FEMS Microbiol Ecol, 2010, 75(2): 255 - 272.

[82] Muggia L, Rabensteiner J, Zellnig G, et al. Morphological and phylogenetic study of algal partners associated with the lichen - forming fungus *Tephromela atra* from the Mediterranean region. Symbiosis, 2010, 51(2): 149 - 160.

[83] Thüs H, Muggia L, Pérez - Ortega S, et al. Revisiting photobiont diversity in the lichen family Verrucariaceae(Ascomycota). Eur J Phycol, 2011, 46(4): 399 - 415.

[84] Muggia L, Vancurova L, Škaloud P, et al. The symbiotic playground of lichen thalli - a highly flexible photobiont association in rock - inhabiting lichens. FEMS Microbiol Ecol,

2013, 85(2): 313 -323.

[85] 孔繁翔, 胡伟, 桑伟莲, 等. 二氧化硫对地衣中共生藻菌营养关系影响研究. 应用生态学报, 2002, 13(2): 151 -155.

[86] 雷海燕. 蓝藻型地衣及其共生念珠藻的分子鉴定和系统发育分析. 苏州: 苏州大学, 2009.

[87] 曹叔楠. 荒漠地衣共生菌藻耐旱生物学研究. 保定: 河北大学, 2009.

[88] 苏敏. 地衣 *Fulgensia fulgens* 共生藻的培养研究及其固沙生态学意义. 安徽农业科学, 2010(26): 14218 -14219.

[89] 张青. 不同生长基质中叶状地衣及其共生藻的分子鉴定和系统发育分析. 苏州: 苏州大学, 2011.

[90] 张涛, 魏江春. 分离自石果衣的共生菌藻在干燥饥饿胁迫下存活能力分析. 中国科学: 生命科学, 2011, 41(3): 238 -248.

[91] 卢高飞. 环境因子对石耳共生藻光合作用的影响. 黄石: 湖北师范大学, 2012.

[92] 李慧, 曹叔楠, 邓红, 等. 对南北极地衣优势共生藻的初步探究. 极地研究, 2013, 25(1): 53 -60.

[93] Sancho LG, Pintado A. Evidence of high annual growth rate for lichens in the maritime Antarctic. Polar Biol, 2004, 27(5): 312 -319.

[94] Sancho LG, Palacios D, Green TGA, et al. Extreme high lichen growth rates detected in recently deglaciated areas in Tierra del Fuego. Polar Biol, 2011, 34(6): 813 -822.

[95] Honegger R. Functional aspects of the lichen symbiosis. Annu Rev Plant Physiol. 1991, 42(1): 553 -578.

[96] Ahmadjian V, Hale ME. The lichens. New York: Academic Press, 1973.

[97] Sancho LG, dela Torre R, Horneck G, et al. Lichens survive in space: Results from the 2005 lichens experiment. Astrobiology, 2007, 7(3): 443 -454.

[98] Vera JP, Rettberg P, Ott S. Life at the limits: Capacities of isolated and cultured lichen symbionts toresist extreme environmental stresses. Origins Life Evol B, 2008, 38(5): 457 -468.

[99] Kosugi M, Arita M, Shizuma R, et al. Responses todesiccation stress in lichens are different from those in their photobionts. Plant Cell Physiol, 2009, 50(4): 879 -888.

[100] 杨枢平. 山西省管涔山国家森林公园旅游资源评价与开发利用意见. 林业资源管理, 2002(5): 52 -54.

[101] 上官铁梁，马子清，谢树莲．山西省珍稀濒危保护植物．北京：中国科学技术出版社，1998：184.

[102] 任强．中国鸡皮衣科地衣研究．济南：山东师范大学，2009.

[103] 陈健斌．地衣特殊性、多样性及其重要性．生物多样性，1995，3(2)：113 – 117.

[104] Huneck S，Yoshimura I. Identification of lichen substances. Berlin：Springer Heidelberg，1996：1 – 493.

[105] Thell A，Feuercr T，Stenroos S，et al. Monophyletic groups within the Parmeliaceae identified by ITS rDNA，β – tubulin and GAPDH sequences. Mycol Prog，2004，3(4)：297 – 314.

[106] Bruns TD，Vilgalys R，Barns SM，et al. Evolutionary relationships within the fungi：analyses of nuclear small subunit rRNA sequences. Mol Phylogenet Evol，1992，1(3)：231 – 241.

[107] Tschermak – Woess E. The algal partner//Galun M(ed). CRC handbook of lichenology，Vol Ⅰ. Boca Raton：CRC Press，1988：1 – 36.

[108] Jin GH，Nakhleh L，Snir S，et al. Efficient parsimony – based methods for phylogenetic network reconstruction. Bioinformatics，2007，23(2)：123 – 128.

[109] Huelsenbeck JP，Rannala B. Phylogenetic methods come of age：Testing hypotheses in an evolutionary context. Science，1997，276(5310)：227 – 232.

[110] Whelan S，Lio P，et al. Molecular phylogenetics：State – of – the – art methods for looking into the past. Trends Genet，2001，17(5)：262 – 272.

[111] Felsenstein J. Inferring phylogenies from protein sequences by parsimony，distance，and likelihood methods. Methods in Enzymology，1996，266(1)：488.

[112] Huelsenbeck JP，Larget B，et al. Bayesian phylogenetic model selection using reversible jump markov chain monte carlo. Mol Biol Evol，2004，21(6)：1123 – 1133.

[113] Nylander JA，Ronquist F，et al. Bayesian phylogenetic analysis of combined data. Syst Biol，2004，53(1)：47 – 67.

[114] 吾尔妮莎·沙衣丁，刘丽燕，热依木·马木提，等．新疆地衣资源多样性研究进展．菌物研究，2005，3(3)：51 – 54.

[115] Abdulla·Abbas，Wu JN. The lichens from Tielimaiti Pass Kuqa county，Xinjiang，China. Arid Zone Research，1994，11(4)：19 – 24.

[116] Abdulla·Abbas，Wu JN. Materials study on lichens of Xining Eel. The inaugural

meeting of the mycotogical society of china reports and abstracts. China Botanical Sociaty Beijiang: Norma University Publishing House, 1993: 348 - 349.

[117] Abdull · Abbas, Wu JN, Jiang YC. A study of lichens of Xinjiang. Arid Zone Resrarch, 1996, 13(2): 1 - 19.

[118] Etenkin AA. Lichens florae rossiae et regionum cofinium oreintalium, Fasciculus. Aeta HortiPetropolitani, 1990, 19: 1 - 52.

[119] Eriksson OA. Alphabetical list of the generic names of the ascomycetes. Syatema Ascomycetum, 1987, 6(1): 1 - 109.

[120] Wang XY. Lichens from tumur peak of the Tianshan Mt. Urumqi: Beijing, People' s Publishing House, 1985: 328 - 353.

[121] Wu JN. Grassland lichens from Xinjiang. Acta Phytotax Sin, 1985, 9(1): 73 - 85.

[122] 张恩然. 武夷山地衣区系的初步研究. 济南: 山东师范大学, 2005.

[123] Körber GW. Systema lichenum germaniae. Breslau: Trewendt & Granier, 1855.

[124] Hertel H. Beiträge zur kenntnis der flechtenfamilie Lecidieaceae Ⅵ. Herzogia, 1975, 3: 365 - 406.

[125] Fryday AM. The genus *Porpidia* in northern and western Europe, with special emphasis on collections from the British Isles. Lichenologist, 2005, 37(1): 1 - 35.

[126] Buschbom J, Mueller G. Resolving evolutionary relationships in the lichen - forming genus *Porpidia* and related allies (Porpidiaceae, Ascomycota). Mol Phylogenet Evol, 2004, 32(1): 66 - 82.

[127] Culberson CF. Improved conditions and new data for the identification of lichen products by a standardized thin - layer chromatographic method. J Chromatogr, 1972, 72(1): 113 - 125.

[128] Culberson CF, Kristinsson H. A standardized method for the identification of lichen products. J Chromatogr, 1970, 46: 85 - 93.

[129] Edgar RC. MUSCLE: Multiple sequence alignment with high accuracy and high throughput. Nucl Acids Res, 2004, 32(5): 1792 - 1797.

[130] Brunauer G, Hager A, Grube M, et al. Alterations in secondary metabolism of aposymbiotically grown mycobionts of *Xanthoria elegans* and cultured resynthesis stages. Plant Physiol Biochem, 2007, 45(2): 146 - 151.

[131] Swofford DL. PAUP*: Phylogenetic analysis using parsimony(* and other methods),

Version 4. 0b10. Massachusetts: Sinauer Associates, 2003.

[132] Posada D. jModeltest: Phylogenetic model averaging. Mol Biol Evol, 2008, 25(7): 1253 - 1256.

[133] Ronquist F, Huelsenbeck JP. MrBayes 3: Bayesian phylogenetic inference under mixed models. Bioinformatics, 2003, 19(12): 1572 - 1574.

[134] Steiper ME, Ruvolo M. New world monkey phylogeny based on X - linked G6PD DNA sequences. Mol Phylogenet Evol, 2003, 27(1): 121 - 130.

[135] Geuten K, Smets E, Schols P, et al. Conflicting phylogenies of balsaminoid families and the polytomy in Ericales: Combining data in a Bayesian framework. Mol Phylogenet Evol, 2004, 31(2): 711 - 712.

[136] Bjelland T, Ekman S. Fungal diversity in rock beneath a crustose lichen as revealed by molecular markers. Microbial Ecology, 2005, 49(4): 598 - 603.

[137] Gaya E, Högnabba F, Holguin Á, et al. Implementing a cumulative supermatrix approach for a comprehensive phylogenetic study of the Teloschistales (Pezizomycotina, Ascomycota). Mol Phylogenet Evol, 2012, 63(2): 374 - 387.

[138] Ekman S, Jørgensen PM. Towards a molecular phylogeny for the lichen family Pannariaceae (Lecanorales, Ascomycota). Can J Bot, 2002, 80(6): 625 - 634.

[139] Spribille T, Printzen C. *Lecidea rubrocastanea*, a new lichen species from conifer bark and wood in interior western North America (Lecanorales, lichenized ascomycetes). Lichenologist, 2007, 39(4): 339 - 347.

[140] Schmull M, Miadlikowska J, Pelzer M, et al. Phylogenetic affiliations of members of the heterogeneous lichen - forming fungi of the genus *Lecidea* sensu Zahlbruckner (Lecanoromycetes, Ascomycota). Mycologia, 2011, 103(5): 983 - 1003.

[141] Ruprecht U, Lumbsch HT, Brunauer G, et al. Diversity of *Lecidea* (Lecideaceae, Ascomycota) species revealed by molecular data and morphological characters. Antarct Sci, 2010, 22(6): 727 - 741.

[142] Goffinet B, Bayer RJ. Characterization of mycobionts of photomorph pairs in the Peltigerineae (lichenized ascomycetes) based on internal transcribed spacer sequences of the nuclear ribosomal DNA. Fungal Genet Biol, 1997, 21(2): 228 - 237.

[143] Fedrowitz K, Kaasalainen U, Rikkinen J. Genotype variability of *Nostoc* symbionts associated with three epiphytic *Nephroma* species in a boreal forest landscape. Bryologist,

2011, 114(1): 220 - 230.

[144] Manhart JR. Phylogenetic analysis of green plant *rbcL* sequences. Mol Phylogenet Evol, 1994, 3(2): 114 - 127.

[145] Bhattacharya D, Friedl T, Dambergerz S. Nuclear - encoded rDNA Group I introns: Origin and phylogenetic relationships of insertion site lineages in the green algae. Mol Biol Evol, 1996, 13(7): 978 - 989.

[146] Thompson JD, Gibson TJ, Plewniak F, et al. The Clustal X windows interface: Flexible strategies for multiple sequence alignment aided by quality analysis tools. Nucleic Acid Res, 1997, 25(24): 4876 - 4882.

[147] Hayden HS, Waaland JR. Phylogenetic systematics of the Ulvaceae (Ulvales, Ulvophyceae) using chloroplast and nuclear DNA sequences. J Phycol, 2002, 38(6): 1200 - 1212.

[148] Nyati S, Beck A, Honegger R. Fine structure and phylogeny of green algal photobionts in the microfilamentous genus *Psoroglaena* (Verrucariaceae, Lichen - forming ascomycetes). Plant Biol, 2007, 9(3): 390 - 399.

[149] Kawaida H, Ohba K, Koutake Y, et al. Symbiosis between *Hydra* and *Chlorella*: Molecular phylogenetic analysis and experimental study provide insight into its origin and evolution. Mol Phylogenet Evol, 2013, 66(3): 906 - 914.

[150] Müller J, Friedl T, Hepperle D, et al. Distinction between multiple isolates of *Chlorella vulgaris* (Chlorophyta, Trebouxiophyceae) and testing for conspecificity using amplified fragment length polymorphism and ITS rDNA sequences. J Phycol, 2005, 41(6): 1236 - 1247.

[151] Hoshina R, Kamako SI, Imamura N. Phylogenetic position of endosymbiotic green algae in Paramecium bursaria Ehrenberg from Japan. Plant Biol, 2004, 6(4): 447 - 453.

[152] Pröschold T, Darienko T, Silva PC, et al. The systematics of Zoochlorella revisited employing an integrative approach. Environ Microbiol, 2010, 13(2): 350 - 364.

[153] Luo W, Pröschold T, Bock C, et al. Generic concept in *Chlorella* - related coccoid green algae (Chlorophyta, Trebouxiophyceae). Plant Biol, 2010, 12(3): 545 - 553.

[154] Krienitz L, Bock C, Luo W, et al. Polyphyletic origin of the Dictyosphaerium morphotype within Chlorellaceae (Trebouxiophyceae). J Phycol, 2010, 46(3): 559 - 563.

[155] Bock C, Krienitz L, Pröschold T. Taxonomic reassessment of the genus *Chlorella* (Trebouxiophyceae) using molecular signatures (barcodes), including description of seven new species. Fottea, 2011, 11: 293 – 312.

[156] Hoshina R, Fujiwara Y. Molecular characterization of *Chlorella* cultures of the National Institute for Environmental Studies culture collection with description of *Micractinium inermum* sp. nov., *Didymogenes sphaerica* sp. nov., and *Didymogenes soliella* sp. nov. (*Chlorellaceae*, Trebouxiophyceae). Phycol Res, 2013, 61(2): 124 – 132.

[157] Zuker M. Mfold web server for nucleic acid folding and hybridization prediction. Nucleic Acids Res, 2003, 31(13): 3406 – 3415.

[158] De Rijk P, Wuyts J, De Wachter R. RnaViz 2: An improved representation of RNA secondary structure. Bioinformatics, 2003, 19(2): 299 – 300.

[159] Hoshina R, Imamura N. Multiple origins of the symbioses in *Paramecium bursaria*. Protist, 2008, 159(1): 53 – 63.

[160] Coleman AW. ITS2 is a double – edged tool for eukaryote evolutionary comparisons. Trends Genet, 2003, 19(7): 370 – 375.

[161] Skaloud P, Peksa O. Evolutionary inferences based on ITS rDNA and actin sequences reveal extensive diversity of the common lichen alga *Asterochloris* (Trebouxiophyceae, Chlorophyta). Mol Phylogenet Evol, 2010, 54(1): 36 – 46.

[162] Beck A, Friedl T, Rambold G. Selectivity of photobiont choice in a defined lichen community: Inferences from cultural and molecular studies. New Phytol, 1998, 139(4): 709 – 720.

[163] Beck A, Kasalick T, Rambold G. Myco – photobiontal selection in a mediterranean cryptogam community with Fulgensia fulgida. New Phytol, 2002, 153(2): 317 – 326.

[164] Helms G, Friedl T, Rambold G, et al. Identification of photobionts from the lichen family Physciaceae using algal – specific ITS rDNA sequencing. Lichenologist, 2001, 33(1): 73 – 86.

[165] Lakatos M, Lange – Bertalot H, Budel B. Diatoms living inside the thallus of the green algal lichen *Coenogonium linkii* in neotropical lowland rain forests. J Phycol, 2004, 40(1): 70 – 73.

[166] Rosentreter R, Bowker M, Belnap J. A field guide to biological soil crusts of western US drylands: Common lichens and bryophytes. Bureau of Land Management, 2007, 103.

[167] Huss VAR, Frank C, Hartmann EC, et al. Biochemical taxonomy and molecular phylogeny of the genus *Chlorella sensulato*(Chlorophyta). J Phycol, 1999, 35(3): 587 - 598.

[168] Summerer M, Sonntag B, Sommaruga R. An experimental test of the symbiosis specificity between the ciliate *Paramecium bursaria* and strains of the unicellular green alga *Chlorella*. Environ Microbiol, 2007, 9(8): 2117 - 2122.

[169] Shihira I, Krauss RW. Chlorella: Physiology and taxonomy of forty - one isolates. Baltimore: University of Maryland Press, 1965: 30 - 31.

[170] Bi LJ, Hu ZY. Flora algarum sinicarum aquae dulcis, Volume Ⅷ. Chlorophyta Chlorococcales. Beijing: Science Press, 2004, 5 - 32.

[171] Habetha M, Erxleben FA, Neumann K, et al. The *Hydra viridis/Chlorella* symbiosis. Growth and sexual differentiation in polyps without symbionts. Zoology, 2003, 106(2): 101 - 108.

[172] Summerer M, Sonntag B, Sommaruga R. Ciliate - symbiont specificity of freshwater endosymbiotic *Chlorella* (Trebouxiophyceae, Chlorophyta). J Phycol, 2008, 44(1): 77 - 84.

[173] Honegger R. Ultrastructural studies in lichens. I. Haustorial types and their frequencies in a range of lichens with trebouxioid phycobionts. New Phytol, 1986, 103: 785 - 795.

[174] Honegger R. Lichen - forming fungi and their photobionts//Deising HB(ed). The Mycota Ⅳ(Plant relationships), 2nd edn. New York: Springer, 2001: 305 - 333.

[175] Honegger R. Experimental studies with foliose macrolichens: Fungal responses to spatial disturbance at the organismic level and to spacial problems at the cellular level. Can J Bot, 1995, 73(S1): 569 - 578.

[176] Honegger R. Water relations in lichens// Gadd GM, Watkinson SC, Dyer P(eds). Fungi in the environment. Cambridge: Cambridge University Press, 2007: 185 - 200.

[177] Poelt J, Vêzda A. Ueber kurzlebige Flechten. Bibl Lichenol, 1990, 38: 377 - 394.

[178] Jahns H M, Ott S. Life strategies in lichens - some general considerations. Bibl Lichenol, 1997, 67: 49 - 67.

[179] Lücking R. Foliicolous lichenized fungi. New York: Botanical Garden, 2008.

[180] Kappen L. Ecophysiological relationships in different climatic regions// Galun M(ed).

CRC handbook of lichenology, Vol Ⅰ. Boca Raton: CRC Press, 1988: 37 - 100.

[181] Kappen L. Some aspects of the great success of lichens in Antarctica. Antarct Sci, 2000, 12(3): 314 - 324.

[182] Sanders WB, Ascaso C. Reiterative production and deformation of cell walls in expanding thallus nets of the lichen *Ramalina menziesii* (Lecanorales, Ascomycetes). Am J Bot, 1995, 82: 1358 - 1366.

[183] Raggio J, Green TGA, Crittenden PD, et al. Comparative ecophysiology of three *Placopsis* species, pioneer lichens in recently exposed Chilean glacial forelands. Symbiosis, 2012, 56(2): 55 - 66.

[184] Gowan SP. The lichen genus *Porpidia* (Porpidiaceae) in North America. Bryologist, 1989, 92: 25 - 59.

[185] Friedl T, Büdel B. Photobionts//Nash THⅢ (ed). Lichen biology. London: Edward Arnold Ltd., 1996: 8 - 23.

[186] Watanabe K, Takihana N, Aoyagi H, et al. Symbiotic association in *Chlorella* culture. FEMS Microbiol Ecol, 2005, 51(2): 187 - 196.

[187] 康俊梅. 低温胁迫下野牛草生理生化响应及蛋白质组学研究. 北京: 中国农业科学院, 2008.

[188] Anderson IC, Robertson DS. Role of carotenoids in protecting chlorophyll from photodestruction. Plant Physiol, 1960, 35(4): 531.

[189] Bartley GE, Scolnik PA. Plant carotenoids: Pigments for photoprotection, visual attraction, and human health. The Plant Cell, 1995, 7(7): 1027.

[190] 颉建明, 郁继华, 黄高宝, 等. 弱光或低温弱光下辣椒叶片类胡萝卜素含量与品种耐性的关系. 中国农业科学, 2010, 43(19): 4036 - 4044.

[191] 毕列爵, 胡征宇. 中国淡水藻志(第八卷)·绿藻门. 北京: 科学出版社, 2004.

[192] 李惠英. 小球藻南极株抗寒机理的研究. 武汉: 中国科学院水生生物研究所, 2007.

[193] 雷静静. 同粒径两种纳米氧化物胁迫对三种绿藻的毒性效应研究. 太原: 山西大学, 2012.